メカトロニクスのための
トライボロジー入門

滋賀県立大学教授　工学博士
田 中 勝 之
信州大学教授　博士（工学）
川久保 洋 一
共　著

メカトロニクス教科書シリーズ

15

コロナ社

メカトロニクス教科書シリーズ編集委員会

委員長　安田仁彦　(名古屋大学名誉教授／愛知工業大学教授　工学博士)
　　　　末松良一　(名古屋大学名誉教授／豊田工業高等専門学校長　工学博士)
　　　　妹尾允史　(三重大学名誉教授／鈴鹿国際大学副学長　工学博士)
　　　　高木章二　(豊橋技術科学大学教授　工学博士)
　　　　藤本英雄　(名古屋工業大学教授　工学博士)
　　　　武藤高義　(岐阜大学名誉教授　工学博士)

(五十音順，所属は 2006 年 1 月現在)

刊行のことば

　マイクロエレクトロニクスの出現によって，機械技術に電子技術の融合が可能となり，航空機，自動車，産業用ロボット，工作機械，ミシン，カメラなど多くの機械が知能化，システム化，統合化され，いわゆるメカトロニクス製品へと変貌している。メカトロニクス（Mechatronics）とは，このようなメカトロニクス製品の設計・製造の基礎をなす，新しい工学をいう。

　このシリーズは，メカトロニクスを体系的かつ平易に解説することを目的として企画された。

　メカトロニクスは発展途上の工学であるため，その学問体系をどう考えるか，メカトロニクスを学ぶためのカリキュラムはどうあるべきかについては必ずしも確立していない。本シリーズの企画にあたって，これらの問題について，メカトロニクスの各分野を専門とする編集委員の間で，長い間議論を重ねた。筆者の所属する名古屋大学の電子機械工学科において，現在のカリキュラムに落ちつくまで筆者自身も加わって進めてきた議論を，ここで別のメンバーの間で再現されるのを見るのは興味深かった。本シリーズは，ここで得られた結論に基づいて，しかも巻数が多くならないよう，各巻のテーマ・内容を厳選して構成された。

　本シリーズによって，メカトロニクスの基本技術からメカトロニクス製品の実際問題まで，メカトロニクスの主要な部分はカバーされているものと確信している。なおメカトロニクスのベースになる機械工学の部分は，必要に応じて機械系大学講義シリーズ（コロナ社刊）などで補っていただければ，メカトロニクスエンジニアとして必要事項がすべて網羅されると思う。

　メカトロニクスを基礎から学びたい電子機械・精密機械・機械関係の学生・技術者に，このシリーズをご愛読いただきたい。またメカトロニクスの教育に

たずさわる人にも，このシリーズが参考になれば幸いである。

　急速に発展をつづけているメカトロニクスの将来に対応して，このシリーズも発展させていきたいと考えている．各巻に関するご意見のほか，シリーズの構成に関してもご意見をお寄せいただくことをお願いしたい．

　1992年7月

編集委員長　安　田　仁　彦

□□□□□□□□　ま　え　が　き　□□□□□□□□

　摩擦・摩耗・潤滑とまとめて呼ばれていた学問が，近年，トライボロジー（その定義：「相対運動を行ないながら相互作用を及ぼし合う表面およびそれに関連する実際問題の科学と技術」）と呼ばれるようになった．その理由は，対象物をマクロに見ていたものがミクロに見ることを要求されるようになったためである．実際の工業製品は，従来主流であった重厚長大製品に替わって，軽薄短小なメカトロ製品が大きな部分を占めるようになってきた．ハードディスクや光ディスク，ディジタルカメラ，およびそれらの機器の中に組み込まれている半導体は，製造や生産の過程でナノメータオーダの精度が要求されている．それらを設計するには分子原子の知識が必要となっている．摩擦・摩耗・潤滑の世界も分子原子の世界に入りつつある．そのようなわけで従来の摩擦・摩耗・潤滑という学問ではカバーできない，表面のミクロな現象を含む学問としてトライボロジーという学術用語が定着しつつある．

　トライボロジーと新しく呼ばれるようになった学問は，日々に進歩発展しているため，トライボロジーの入門的教科書は少ないように思える．本書はメカトロニクス技術者やそれを志す学生がトライボロジーの基本を学ぶことを念頭において，従来の教科書と若干違う視点で執筆しようとするものである．これが本書の趣旨と題名の由来である．

　本書の構成は，1章ではトライボロジーの応用分野や歴史的な観点から，トライボロジーのニーズと必然性について述べる．2章から4章は，流体潤滑を中心とした潤滑関連である．後半の5章から9章は表面・摩擦・摩耗に関連するものである．それぞれの項目についてマクロの視点とミクロの視点から，物理現象に立脚した記述をこころがけている．本書では，トライボロジーの基礎知識だけでなく，実際のもの作りの視点から，メカトロ機器の潤滑・表面設計

についてそれぞれ一章を設け（4章，9章），オリジナリティー発揮の方法や，実際の製品の開発についても記述している。

　上述のように本書では通常の教科書と異なり，潤滑が先にきたのは，つぎのように考えたからである。トライボロジーの目的は，摩擦と摩耗を減らすことが第一である。そのためにほとんどの機械は潤滑を行っている。学生にとってトライボロジーへの入門は，潤滑が最も身近に実感として理解しやすいであろう。トライボロジーという一連の物理現象の理解を容易にし，一貫性を持たせるため，および潤滑状態から理解を深められるように，ストライベック曲線の考えを取り入れた。ただし，変数を抽象的な本来の軸受定数でなく，たがいに相対運動する具体的な二物体間のすきまとした。たがいに離れて相対運動する物体が，だんだんその距離（すきま）を縮めてゆくと，表面の状態（粗さ・固さ・潤滑の有り無しなど）がどうなっているか気になるであろう。このように頭が働いてくれば，表面の摩擦・摩耗へ具体的にイメージしやすい。目に見える潤滑から，直接目で見ることが難しい表面の摩擦・摩耗へ，さらにはナノメータの原子・分子の世界へ入っていくことが容易になるのではと考えた。

　学生がこの学問にいかに興味を持ち，それを持続し，学問を続けていく喜びを感じ，また工学としての有用性に目覚めることは大事である。本書が読者に知的興奮を与えることに幾分なりとも手助けできれば幸いである。なお，本書の執筆に当たり，1章は共同で，2章～4章は田中が，5章～9章は川久保が執筆した。

2007年12月

田中　勝之，川久保洋一

□□□□□□□□□ 目　　　次 □□□□□□□□□

1　トライボロジーとは

1.1　生活とトライボロジー ……………………………………………………1
1.2　トライボロジーの歴史 ……………………………………………………4
1.3　トライボロジーの定義 ……………………………………………………10
1.4　二面間の相互作用 …………………………………………………………12
1.5　トライボシステム …………………………………………………………14
1.6　ま　と　め …………………………………………………………………16

2　潤　　　滑

2.1　潤滑の役割と設計者の役割 ………………………………………………17
2.2　ストライベック曲線 ………………………………………………………23
　2.2.1　ストライベック曲線による潤滑状態の理解 ………………………23
　2.2.2　ストライベック曲線による潤滑状態の分類 ………………………24
　2.2.3　軸受定数と軸受すきまの関係 ………………………………………26
　2.2.4　ストライベック曲線と面粗さの関係 ………………………………27
　2.2.5　ストライベック曲線の例外現象 ……………………………………31
2.3　境界潤滑と混合潤滑 ………………………………………………………33
　2.3.1　バウデン・テイバーの境界潤滑膜 …………………………………33
　2.3.2　添加剤の効果 …………………………………………………………35
　2.3.3　極限的境界潤滑における表面の保護 ………………………………37
2.4　潤滑剤・グリース・固体潤滑剤 …………………………………………39

2.4.1	潤滑剤の種類	39
2.4.2	潤滑領域区分による潤滑剤の選択の基本	39
2.4.3	潤滑油の粘度	40
2.4.4	グリース	44
2.4.5	固体潤滑剤	45
2.5	まとめ	49

3 流体潤滑

3.1	軸受の役割とその基本原理	50
3.2	流体軸受の種類	54
3.2.1	軸受の機能・動作原理による分類	54
3.2.2	ジャーナル軸受の形状	57
3.2.3	スラスト軸受の形状	58
3.3	流体潤滑理論の基礎	60
3.3.1	二次元非圧縮流体潤滑方程式	60
3.3.2	潤滑膜による圧力の発生機構	65
3.4	潤滑方程式の厳密解の例	67
3.4.1	傾斜平面軸受	68
3.4.2	ステップ軸受	73
3.4.3	真円ジャーナル軸受	75
3.4.4	スクイーズ膜軸受	79
3.5	三次元潤滑方程式	81
3.6	圧縮性流体（気体軸受）潤滑方程式	84
3.7	希薄気体潤滑方程式	86
3.7.1	希薄気体の分類	86
3.7.2	滑り流れ潤滑方程式	87
3.7.3	分子気体潤滑方程式（ボルツマン線形化方程式）	88
3.8	弾性流体潤滑	90

3.8.1　弾性流体潤滑理論 ……………………………………………… 90
　3.8.2　フォイル軸受とリーフ軸受 …………………………………… 92
3.9　ま　と　め ……………………………………………………………… 94

4　メカトロニクスにおける流体潤滑設計の実際

4.1　設計の目的と手順 ……………………………………………………… 96
4.2　設　計　手　法 ………………………………………………………… 99
　4.2.1　数　値　解　法 ………………………………………………… 100
　4.2.2　空気浮上量測定法 ……………………………………………… 103
　4.2.3　理論計算値の実験的検証 ……………………………………… 109
4.3　実際の設計事例 ………………………………………………………… 111
　4.3.1　磁気ディスク装置磁気ヘッドスライダの形状設計 ………… 112
　4.3.2　磁気テープ装置磁気ヘッドの形状設計 ……………………… 122
　4.3.3　ヘリウム液化機用気体軸受 …………………………………… 131
4.4　ま　と　め ……………………………………………………………… 136

5　固 体 の 表 面

5.1　表　面　の　観　察 …………………………………………………… 138
5.2　表面内部の構造 ………………………………………………………… 140
5.3　表　面　の　外　側 …………………………………………………… 141
5.4　表面の物理的性質 ……………………………………………………… 143
　5.4.1　表　面　粗　さ ………………………………………………… 143
　5.4.2　硬　　　　さ …………………………………………………… 148
5.5　表面の化学的性質 ……………………………………………………… 151
　5.5.1　表面エネルギー（表面張力） ………………………………… 151
　5.5.2　液体のぬれ ……………………………………………………… 152
5.6　ま　と　め ……………………………………………………………… 154

6 接触

6.1 接触とはなにか ……………………………………… *155*
6.2 真実接触の概念 ………………………………………… *156*
6.3 接触点の弾性変形 ……………………………………… *157*
6.4 接触点の塑性変形 ……………………………………… *159*
6.5 表面変形の数値解析 …………………………………… *160*
6.6 ま と め ……………………………………………… *162*

7 摩擦（二表面間の相互作用力）

7.1 摩 擦 と は ……………………………………………… *163*
7.2 摩 擦 の 測 定 …………………………………………… *164*
7.3 アモントン-クーロンの摩擦法則 ………………………… *166*
7.4 摩擦力の発生原因 ……………………………………… *167*
7.5 転 が り 摩 擦 …………………………………………… *171*
7.6 摩 擦 係 数 ……………………………………………… *172*
7.7 メカトロニクス機器のための摩擦法則（拡張摩擦法則）……… *172*
7.8 表面間力による摩擦係数の増加 ………………………… *174*
   7.8.1 メニスカス力 ……………………………………… *174*
   7.8.2 ファンデルワールス力 …………………………… *177*
7.9 摩擦による運動性能の低下 …………………………… *178*
   7.9.1 付着滑り（スティックスリップ）………………… *178*
   7.9.2 摩擦による位置決め誤差 ………………………… *180*
7.10 摩 擦 力 の 制 御 ……………………………………… *181*
   7.10.1 摩擦力の低減 …………………………………… *182*
   7.10.2 摩擦力の増大 …………………………………… *184*
7.11 ま と め ……………………………………………… *184*

8 表面損傷：摩耗と焼付き

- 8.1 メカトロニクス機器における表面損傷の意味 ……… *186*
- 8.2 摩耗の発生メカニズム ……………………………… *188*
- 8.3 摩耗量の測定（摩耗試験法） ……………………… *192*
- 8.4 摩耗の時間的変化パターン ………………………… *194*
- 8.5 摩耗量の予測 ………………………………………… *195*
  - 8.5.1 摩耗速度が一定な場合（アーチャードの摩耗法則） ……… *195*
  - 8.5.2 摩耗速度がしだいに減少する場合（拡張摩耗法則） ……… *196*
- 8.6 摩耗の低減 …………………………………………… *197*
- 8.7 焼付き（摩擦温度上昇） …………………………… *198*
- 8.8 ま と め ……………………………………………… *201*

9 トライボロジー材料とメカトロニクスにおける表面設計の実際

- 9.1 トライボロジー表面の基本設計法 ………………… *202*
- 9.2 トライボロジー材料 ………………………………… *204*
- 9.3 磁気ディスク装置における表面設計の実際 ……… *206*
  - 9.3.1 磁気ディスク装置のトライボロジーについて ……… *206*
  - 9.3.2 塗布ディスク媒体の耐しゅう動性設計 ……… *207*
  - 9.3.3 薄膜磁気ディスクの耐しゅう動設計 ……… *209*
  - 9.3.4 磁気ヘッド表面材料の耐しゅう動性 ……… *210*
  - 9.3.5 磁気ディスク損傷発生メカニズム ……… *212*
- 9.4 プリンタの紙送り機構 ……………………………… *213*
- 9.5 ま と め ……………………………………………… *216*

文　　献 ……………………………………………………… *217*
索　　引 ……………………………………………………… *223*

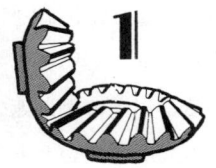

MECHATRONICSMECHATRONICS

1

トライボロジーとは

　トライボロジーとは優れた機械を作るに欠くべからざる重要な学問である。すべての機械には相対運動部分があり、その部分の性能が最近の機械装置、特にメカトロニクス機器の性能と信頼性を決めるといっても過言ではない。この相対運動する部分に関する学問がトライボロジーである。トライボロジーは製品の差別化を図るための重要な技術である。現代におけるこの学問の重要性は、過去の摩擦・摩耗・潤滑といった時代の学問とは一線を画すものとなっていることを有能な技術者はよく認識している。

1.1 生活とトライボロジー

　日常生活においてもトライボロジーに関係することに多くかかわっているが、日常でそれを意識することはほとんどない。それは生活が問題なく進行しているためである。例えば、朝、目覚めたときに、布団がずれて寒くならないのは、布団の表面の布どうしの間に適度の摩擦が存在するからである。滑らかな布団がベッドから落ちて困った経験を持つ人は少なくない。布団から起き上がった後で、歩くことができるのは、足と床との間に適度の摩擦があるからである。歩くときの摩擦のありがたさは、バナナの皮を踏んで滑ったとき、あるいは、凍った地面で転んだときに、痛みを通して摩擦のありがたみを体感するものである。さらに、その衣服が一定の形を保っているのも、糸と布との間に摩擦があるからである。洗面所で手ぬぐいで顔をふくことにより顔の皮膚の汚

れを落とし，さらに歯磨き粉の中の研磨剤により，歯の表面に付着した汚れを落としている。この二つは別のいい方をすれば，表面付着物が摩耗していることであり，トライボロジーのもう一つの摩耗という分野である。以上の例は無自覚にトライボロジーの利益を受けているものである。なにも問題がないとトライボロジーのことを忘れてしまう。

　自転車に乗ると，トライボロジーのもう一つの分野である潤滑の恩恵を実感する。車輪の回転軸にはボールベアリングがあり，摩擦力を減らしている。ここに潤滑油を加えると，さらに回転が滑らかになり，疲れが減ることを体で感じる。潤滑のありがたみがわかる。日常，自動車に乗っている人は，エンジンのオイルに注意を払っていると思う。オイル交換をすると加速がよくなることを体感する。オイルは摩擦を減らすと同時に，エンジンの焼付き防止にも大きな貢献をしている。自動車が発明されて以来，自動車の性能向上はエンジン回転数のアップと同意語であった。自動車の高性能化はトライボロジー技術抜きには考えられない。エンジンばかりでなく，自動車のタイヤは，大地と自動車を結び付け，動力を伝達する接点である。まさしくトライボロジーの教科書的モデルである。タイヤの性能は，自動車の性能だけでなく，人命にも直接影響し，燃費向上による地球環境にも関係が深い。

　一般に機械や道具を作るには，ある目的の機能を達成することを目指して，まず機構（メカニズム）を考え，必要に応じて計算し，設計する。つぎにそれを作るために材料を選択し，製造に入る。これでものができるわけではなく，試運転をして，性能と信頼性を確かめた後で，出荷する。試運転の段階でいろいろ問題が生じることが多い。そのトラブルの大部分は，経験的にいって，摩擦や摩耗に類するトライボロジーにからむものである。ここにきてトライボロジーとはなにかと直面するわけである。それ故，学生にとっても工場の設計者にとってもトライボロジーは後回しにされがちな課題である。なにもトラブルがなければトライボロジーという言葉さえ忘れられてしまう。忘れてしまうほど，トラブルがないのが一番望ましい。

　しかし，技術の進歩が著しい中で，トライボロジーは製品の差別化を図るた

めの重要な技術であると認識せねばならない。エンジンの回転数を上げ，高性能化するにはトライボロジーの技術が欠かせない。大容量の磁気ディスク装置（HDD，ハードディスク装置）を作るには，磁気ヘッドの浮上量をさらに狭くせねばならない。機械装置の性能が同程度であれば，長寿命で故障の少ない製品を求める。トライボロジーは製品の性能を格段に向上させ，寿命を延ばし，故障を防止する技術であり，機械装置の省エネ省資源のためにも非常に重要な技術である。

　日常生活で自動車や自転車などは，身近に体験できるトライボロジーであるが，われわれが日ごろ使っている機器の中でも目に見えないほど天文学的に厳しい状態で使われているものがある。例えば，パソコンの本体の中でメモリとして使われる，前述の HDD はその一つである。時速 50 km で走る円盤の上を，毛髪の直径の 1/10 000 である 10 nm（ナノメートル，10^{-9} m）の空気膜を隔てて，記録の書込みや読み出す磁気ヘッドを搭載したスライダが相対運動している。10 nm は空気分子の大きさの数十倍のすきまにすぎない。これなどは極端なものであるが，最近の**メカトロニクス**を応用した機器の進歩は目覚ましい。ビデオテープレコーダ（VTR）の記録ヘッド回転ロータに使われているボールベアリングの回転精度は，1960 年代（いまも使われているが）の大陸間弾道弾（ICBM）に使われたジャイロの軸受精度に匹敵するといわれている。それをたかだか 100 円以下のコストで達成しているとはまさに驚異的な技術である。その当時，ジャイロ用転がり軸受は数千個の中から一個選別して使用しているといわれていた。

　一方，メカトロニクス製品を制御するマイクロチップや半導体メモリなど，半導体製品はその製造過程でナノメータオーダの加工が行われる。これらの加工作業にもトライボロジーの技術が多く使われている。トライボロジー技術は，目に見えないところでメカトロニクス製品を陰で支えているといっても過言ではない。すなわち，日本に誕生した新しい学問であるメカトロニクスをトライボロジーという先端的学問がバックアップしているということである。トライボロジー技術なくして機械は動かない。

1.2 トライボロジーの歴史

　従来から使用されている機械の軸受は，産業革命以来の先人のたゆまぬ努力によって，ほぼ標準化されている。軸受メーカのカタログから仕様に合うものを選択すれば事足りることが多い。しかし，メカトロニクス製品は近年発明開発されたものが多く，従来の経験が及ばないものが多い。それ故に，設計者は新しい知識を取り入れ，創意工夫せねばならない。知識を吸収するには，先人の追体験が最も効果的である。まずは，トライボロジーの歴史を D.ダウソンの著書[1]†を参考に振り返ってみよう。

　人類は B.C. 3000 年のエジプトの時代から，摩擦・摩耗を減らすために経験的にいろいろ工夫してきた。それをはっきり示しているものとしては，ピラミッドの建造で石を運搬している壁画（B.C. 1880 年）である。石を載せたそりと地面の間に**潤滑剤**と思われる水または油脂を塗っている人物が描かれている。摩擦を減らす実務的な意味は，直接的にはそりを引く引き手の人夫の数を劇的に減らすことができ，その結果，その余った人夫を石切や石積みの作業へ回すことにより，ピラミッドの早期完成が可能となったであろう。アッシリア人が石像の建設に**ころ**を使って石を運搬している壁画（B.C. 700 年ごろ）が残っている。ころを昔から利用していた証拠である。このような摩擦の低減を戦いの場に適用するとどうなるであろうか。戦闘車を 100 人で動かしていたものが，摩擦が半分になり戦闘車を動かす兵士が 50 人となれば，残りの 50 人は直接の戦闘に参加でき，戦力は急激に上昇する。このように考えれば摩擦を減らす技術は国防上最重要課題の位置にあったと考えられる。エジプトの戦闘用二輪車 Chariot（図 1.1）の車輪は羊や牛の獣油脂による**潤滑**がなされていたことが多くの研究から明らかになっている[2]。**摩擦**を減らして少しでも速く走ることは，戦闘場面において自分を守る最善の方法である。現代の戦闘機も同じである。

---

† 肩付き番号は巻末の引用・参考文献の番号を示す。

図 1.1 エジプトの戦闘用二輪車 Chariot（B.C.13 世紀）[2]

このように，**滑り軸受・転がり軸受**の概念および潤滑剤の使用はエジプト文明やメソポタミア文明の時代にすでに実用技術として使われていた。しかし，その技術はまったくの経験則であった。軸の直径をいくらにして，軸受の内径を決め，油脂をどの程度供給すればよいか，これらはすべて製作者の経験と勘で決めていたものと想像される。潤滑油をたらして（給油）使用する滑り軸受は，産業革命の時代に広く使用され，現在も使われている。しかし，潤滑の定量的設計と製造はエジプトの時代からはるかに経った19世紀後半のヨーロッパまで待たねばならなかった。

軸受の油膜圧力を発見したのはイギリスの技術者タワー（Tower）の実験が最初で画期的なものであった（1883年）。なぜ軸受の油膜圧力が高くなるのであろうか。この疑問が**流体潤滑**の学問研究の出発点であった。タワーの実験に触発され，レイノルズ（Reynolds）の流体潤滑の理論解析が行われ（1886年），流体潤滑に関して科学的説明が初めてできるようになった。また，滑り軸受の摩擦の実験がストライベック（Stribeck）によりなされ（1902年），軸受の摩擦係数と荷重の関係が解明され，軸受の摩擦についての本質が明らかとなった。

レイノルズにより滑り軸受の理論はできたが，それを設計に適用するには数式が難解すぎた。実用的な設計はゾンマーフェルト（Sommerfeld）の理論研究により可能となった（1904年）。現在では，**流体潤滑理論**は精密となり，乱流潤滑理論，圧縮性流体潤滑理論，潤滑流体分子の粒子性を考慮した理論に発

展している。これらの理論式を解いて，軸受の設計に適用するために，コンピュータによる数値計算法が開発されている。

ルネサンス期（15世紀）のイタリアの芸術家レオナルド・ダビンチ（Leonardo da Vinci）は摩擦の本質を認識するため，摩擦係数の定義をするなど，定量的な実験を行っている。また，軸受の構造や摩耗についてのアイデアや考察を行っている。ダビンチは，その時代の軍事技術顧問であり，これらの結果は機密として公表されなかった。転がり軸受のアイデアはダビンチが最初とされる。しかし，その後，転がり軸受が実用化されたのは，18世紀後半の産業革命期であった。滑り運動に対する転がり運動の優位性について議論された。転がり軸受は，当時の馬車や，それに次いで鉄道用車両へ適用された。転がり軸受が大々的に採用され，多くの人がその恩恵を受けたのは，19世紀後半の自転車の実用化であり，さらには20世紀の自動車の発展によるニーズであった。

摩擦の研究はダビンチから300年を経てクーロン（Coulomb）の研究（1780年）に引き継がれている。彼の研究は，船の進水式で台車がスムーズに動かない事件がたびたび起こったことがきっかけであった。クーロンは摩擦に及ぼす主要因子の影響を実験的に行い，いわゆるクーロンの法則を確立した。

20世紀に入ると，物体の表面を観察する測定器がいろいろ開発され，いままで見ることができなかった物質表面を原子のオーダで観察できるようになった。1900年に発明された電子顕微鏡は，初めて原子を見ることを可能とした。物体の表面の形状を調べる種々の物理的手法についての紹介をバウデン（Bowden）とテイバー（Tabor）が行っており（1950年），このころから摩擦・摩耗・潤滑の研究から脱皮したトライボロジー研究の幕開きとなったといえる。さらに1981年に発明された走査型トンネル顕微鏡（STM：scanning tunneling microscope）は，原子・分子の観察がだれにでもできることを示し，表面観察の画期的な道具となり，**マイクロトライボロジー**として研究分野が広がった。

1.2 トライボロジーの歴史

トライボロジーの歴史を振り返ってみると，ニーズに後追いの形でトライボロジーの技術と理論が進展しているといえる。エジプト王朝の時代には，ピラミッドをつくるために巨大な石を動かすというニーズに応じて，潤滑やころの使用が考え出された。ルネサンスのダビンチの時代には，いろいろ摩擦低減の方法や軸受のアイデアが出され，一部鉱山などでの実用例はある。しかしながら，その当時それらを使うニーズが希薄であり，一部の人のためのものであったため，ダビンチのアイデアの多くは実用されなかった。

ワット（Watt）の蒸気機関の発明（1769年）に始まり，その後の産業革命と200年にわたるイギリスの繁栄は，摩擦・摩耗・潤滑にようやく光を当てた。産業発展期の動力機械は，たえず大型化・高速化・高出力化の要求が強く，それを満たすために信頼性の高い軸受が必要であった。レイノルズの流体潤滑の理論はそれに応えたものであり，その理論による滑り軸受の実用的な設計が可能となり，その後の工業の発展に大きく貢献した。

産業革命により工業が発展し，産業用機械の発明/開発が一段落した19世紀後半から20世紀にかけて，民間向けの機器に目が向き始めた。個人用の機械として自転車の発明（図1.2）がその端緒であろう。毎日油脂を塗らねばならない軸受にかわって，手入れが不要で楽な転がり軸受が，軽く動く自転車の軸受として使われだした[3]。それに少し遅れてベンツ（Benz）とダイムラー（Daimler）がガソリン自動車を発明した（1886年，図1.3，図1.4）[4]。馬車に使われた滑り軸受にかわって動力付き馬車では転がり軸受が使われるようになった。

20世紀後半からの現代までは，半導体などのマイクロエレクトロニクス製品，HDDやVTR，光ディスクのような情報記録機器，これらを使ったメカトロニクス機器の開発の時代である。これら各機器および製造装置のためには，相対運動部分の信頼性の向上が重要であって，これに向けた微小な原子・分子レベルでの理解が進められた。これには，1981年に発明されたトンネル顕微鏡やその後の原子間力顕微鏡（AFM：atomic force microscope）を活用したマイクロレベルの解析が必要であった。これらに対し，1986年には金子

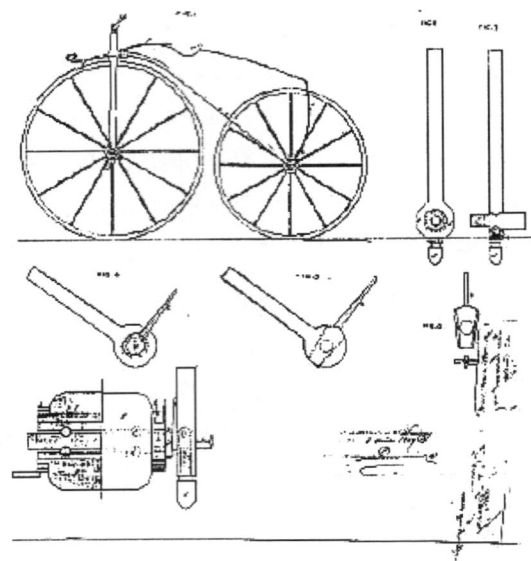

図 1.2　ボールベアリングを使用した自転車の発明（1868 年）[3]

図 1.3　ベンツの三輪自動車の発明
（1886）[4]

図 1.4　ダイムラーの四輪自動車の発明（1886）[4]

礼三によりマイクロトライボロジーの語が提唱された。

以上で概観したトライボロジーの発展の歴史は，大きく分けて三つの時代に分けられるのではないか。第一は，① ころと潤滑油を使い始めた**トライボロジーのエジプト時代**（B.C.30 世紀〜A.C.18 世紀），第二は，② 流体潤滑と転がり軸受が実用化された**トライボロジーの産業革命後の時代**（A.C.18 世紀

〜A.C. 20世紀前半)，第三の時代は，③電子顕微鏡やトンネル顕微鏡で代表される表面観察装置を駆使し，コンピュータが活躍する**トライボロジーのマイクロ化の時代**（A.C. 20世紀後半〜）である。トライボロジーのエジプト時代①は5 000年間，トライボロジーの産業革命後の時代②は200年間，トライボロジーのマイクロ化の時代③はちょうど幕を開けたばかりである。現代はエジプトの時代，産業革命（じつは機械革命）以後の時代に次ぐ第三のトライボロジー革新の時代であるといえるだろう。産業革命以後の重厚長大製品が必要とした摩擦・摩耗・潤滑の技術から発展し，メカトロニクス・半導体に代表される製品が新しいトライボロジー技術を必要としている。また現代は環境問題の時代でもある。自動車の排ガス問題や地球温暖化などのエネルギーと環境改善はトライボロジーを抜きには考えられない。産業革命後，200年以上続く産業の発展と，戦争の連続は地球環境を徹底的に悪くしている。環境を改善する一つの方策は，エネルギーの消費を減らすことである。機械や機器が動くときに生じる摩擦損失や摩耗による損失など，トライボロジーに起因するエネルギー損失は大きなものである。これら損失を減らすことにより，電気やガソリンの消費を減らし，機器の寿命を延ばすことができ，大気汚染などの環境改善に効果が大きい。メカトロニクスと環境の時代のトライボロジーは，重厚長大製品に要求されたマクロなトライボロジー（摩擦・摩耗・潤滑）からミクロな（マイクロ）トライボロジーとなるのであろう。

　マイクロトライボロジーの「マイクロ」は単なるディメンションを示すものではなく，連続体力学では扱えない表面の挙動を，原子・分子レベルの現代物理学を基礎に解明することである。現代のトライボロジーの基本は，まず表面を見ることである。原子・分子レベルで表面を見ることは電子顕微鏡で可能となったが，その装置の大掛かりなことと，対象が限られ限定的であった。しかし，その後のトンネル顕微鏡の発明は強力な道具となり，マイクロトライボロジーという学問分野が発展する礎となっている。コンピュータの発展は摩擦・摩耗という現象について，分子の運動という観点から物質の表面を見直すことを可能とした。流体潤滑問題はニュートン力学の応用問題であり，摩擦・摩耗

の問題は経験工学であった．しかし，現代は摩擦・摩耗を量子力学の力を借りて解決しようとしている．しかしながら，量子力学ですべてが解決するわけではなく，ニュートン力学も泥臭い経験も工学には必要である．それらをうまく活用するには系統だった教育と学習が必要である．

現代はトライボロジーを役立てる道具（測定器とコンピュータ）がそろいつつある．それらを実際にどのように生かしていくかは，研究者・技術者・設計者の頭の使いどころである．これからのトライボロジーは，地球環境を良くし，人々の生活に楽しみと安らぎを与えるトライボロジーとなることを期待している．

1.3 トライボロジーの定義

「トライボロジー」は1966年，ジョスト（Jost）によりギリシャ語の擦るを意味する「とりぼす」と学問の意味の「ろじい」をあわせて造られた言葉で，「相対運動を行ないながら相互作用を及ぼし合う表面およびそれに関連する実際問題の科学と技術」と定義され，摩擦，潤滑，摩耗などを取り扱う理学と工学の両分野にまたがる学問である．

トライボロジーという言葉が使われる以前のこれを表わす日本語は，摩擦・摩耗・潤滑という言葉であった．トライボロジーというカタカナ言葉より，漢字で書かれたもののほうが直感的に理解しやすく，かつ，一般的には厳密な意味付けがされている場合が多い．確かに摩擦・摩耗・潤滑という言葉は国語辞典に載っているほど一般的なものである．それをなぜ聞き慣れないカタカナ言葉で表すのであろうか．それは従来の摩擦・摩耗・潤滑には経験則による学問というニュアンスがあり，それから脱皮する最近の研究成果を踏まえた総合的学問であることを研究者・技術者が主張したいために新しい皮袋を用意したということも否定できない．しかし，本質的に従来の学問体系と異質となってきているからである．従来の摩擦・摩耗・潤滑には結果の利用技術が主であった．その結果に結び付く原因や理由を明らかにするには，摩擦・摩耗・潤滑と

いう技術分野だけではカバーしきれないところが生じてきたためである。

　摩擦については，その第一歩としてレオナルド・ダビンチが発見し，その後，アモントン（Amonton），クーロンらにより再発見された摩擦の経験則「摩擦力は荷重に比例し，接触面積によらない」が，その最初歩として高校の理科で教えられている。この法則は，従来のような金属材料の高荷重条件での摩擦の場合には，経験と一致している。しかし，メカトロニクス機器では機構の役割として，荷重を支持する機能よりも，動作を規制し，位置を制御する機能が重要となっている。そのため，摩擦時の荷重も非常に軽くなり，従来は無視できた表面間力の影響が大きく現れる。例えば，外部印加荷重がゼロでも摩擦力がゼロでない場合も現れるなど，最新のトライボロジー分野の知識を学ばないと対応しきれない場合もある。

　オートメーション技術の進歩とともに機械が複雑高速化され，しかも自動運転するには，動作信頼性を高める必要がある。接触する部分に潤滑油を供給することだけで事足りると感じさせる「潤滑」。この言葉だけでは問題解決のために連想される範囲が不十分であるとの認識が生じてきた。こすれば「摩擦」があり「摩耗」することは経験上，昔からわかっていた。しかし，なぜそうなるのか。それらの疑問や矛盾を解決するために，その他の広い範囲の科学分野，例えば表面科学，材料科学等との連携を考えた学際分野を必要とした。これらに応える新しい学問として，新しい名前「トライボロジー」を用いて再定義したものである。これは科学（science）と技術（technology）の両方を含むものであることを明らかにしている。

　トライボロジーという言葉が最初に使われた1966年のイギリスの報告は，省エネルギー，省資源という観点からのキャンペーンであった。それまでの利用応用範囲は，機械や材料の摩擦・摩耗，軸受や歯車の潤滑という応用面が大部分であり，関係する業界は，電機・自動車・重機械の分野と，潤滑剤をつくる石油業界が主であった。しかし，トライボロジーという言葉が使われ出したころと軌を一にして電子工業界がこの学問に注目し始めた。半導体，ファイル記憶装置，プリンタなど，従来にない製品をつくる新しい業界である。特にそ

の中にはメカトロニクスを主体とする製品群が多く含まれている。さらには自然界や生物のメカニズムについてトライボロジー的見方がされるようになってきた。

　最近の全世界の産業統計では，情報処理産業（機器）の総売上高は，それまで最大であった自動車産業のそれと並ぶようになった。情報機器と自動車が世界の産業の牽引車となっているといえる。情報産業において，電子処理のための半導体技術と並び，情報記録，記憶機器にはメカトロニクス技術の重要性が高くなっている。自動車の性能向上と排ガス浄化には，同じくメカトロニクス技術が多く使われている。これらの機器では基本性能の高度化は当然として，その信頼性の高さが競争力の大きな要素となっており，メカトロニクス機器開発においてもトライボロジー技術の重要性が非常に増している。

　技術的には，mm（ミリメートル）や kg の単位が幅をきかす世界から，nm（ナノメートル，10^{-9} m）の世界に入り，摩耗の単位が原子・分子のスケールに変わってきたことである。このような極微小の世界が明らかになるにつれて，従来バルク（マクロ）の状態で判断していたものがミクロ状態で考察せねばならなくなったと同時に，測定機やコンピュータの発達がそれを可能にしている。近年のこの学問の進歩が，いろいろな学問分野や産業界の注意と興味をトライボロジーという学問に向けさせた。このようにネーミングを変えることにより当初の目的以上に大きな成果を達成しつつある。

1.4　二面間の相互作用

　トライボロジーは，その定義からわかるように，現象の発生する場所を規準に定義された新しい学際的学問領域である。このようなトライボロジー技術の舞台は，トライボシステムと呼ばれ後述の図1.6のように示される。トライボロジーという学問は，これまで対象とする現象が明確である学問分類，例えば原子間の反応を対象とする化学，金属原子の性質を対象とする金属学，あるいは機械工学の中でも働く力を考える力学，液体の挙動を解析する流体力学，等

1.4 二面間の相互作用

とは異なっている。そのため、トライボロジーでは相互作用を及ぼしあう表面間に生じるすべての現象を対象とすることになり、働く力を知るための機械力学、表面反応を解明するための化学、表面構造を理解するための金属学、摩擦温度上昇を理解するための物理学など、多くの分野の知識を基礎としている。これらの科学の知識を総動員して、二物体間に発生する現象を総合的に解し、利用する総合技術ともいうことができる。

トライボロジーの定義では、二つの固体表面間の相互作用が挙げられている。では、この相互作用としてはどのようなものが考えられるか。トライボロジーに関連するなんらかの事故で機械が停止する場合、または誤動作する場合の基本問題を考えると、二表面間の摩擦力の変化と材料の除去（摩耗）の二つに還元できる。そして、それぞれの値が初期の値に対し、増加する場合と減少する場合があり、全体として図1.5に模式的に示すような、四つの場合が考えられる。したがって、トライボロジーとは、「相対運動する表面間の摩擦・摩耗の増減を制御する技術である」とも言い換えることができる。その摩擦・摩耗を減らす方向にコントロールすることが潤滑であった。一方、タイヤやブレーキでは摩擦をなるべく大きく安定させることが求められる。摩耗は材料除去現象であり、トライボロジーの分野では防止すべき対象である。しかし、別の見方では摩耗を積極的に利用することで材料加工が行われている。例えば、半導体ウェーハの表面はラッピングという作業によって表面をこすって滑らかな面を作っている。トライボロジーでは材料加工を除いたほかの三つの場合を扱うことが普通である。このように、摩耗と加工のつながりは深く、後述するよう

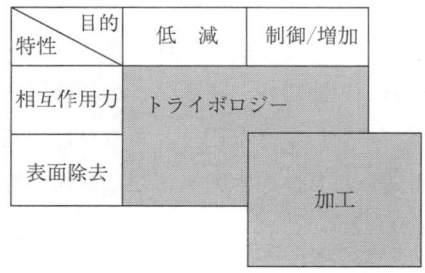

図1.5　トライボロジーと加工

なメカノケミカル摩耗現象の研究は，摩耗の防止策を見つける上で有用であるばかりでなく，特異的に摩耗が早い現象が得られた場合には，その方法をそのまま加工法として使用することが可能となる。また，材料を加工する場合に，加工速度が極端に低下する条件を発見できれば，その条件で相対運動させることにより表面の摩耗を防止できる可能性がある。二面間の相互作用という観点から見れば，加工とトライボロジーとの双方向の技術交流が重要となろう。

1.5 トライボシステム

トライボロジー現象は相対運動する二面がたがいに接しているときに生じる。このとき，問題となる接触面と，それを取り巻く雰囲気，環境などを含めて，トライボロジー技術の舞台を整理して模式化した**図1.6**を**トライボシステム**と呼んでいる。

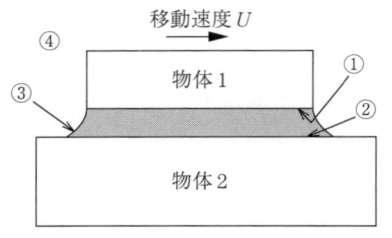

① 物体1の表面A
② 物体2の表面B
③ 潤滑膜C
④ 雰囲気D

図1.6 トライボシステムの構成

トライボシステムを構成する要因は
1) 表面Aと表面B
2) 表面Aと表面B間に存在する潤滑膜C
3) 表面A，表面Bおよび潤滑膜Cを取り巻く雰囲気D

である。表面A，Bはそれぞれの材質，表面粗さ，硬さなどが影響因子となる。潤滑膜Cは油のような液体，カーボンのような固体，あるいは空気やヘリウムガスなどの気体がある。雰囲気Dは気体の雰囲気または液体の雰囲気がある。気体も液体もなにもない真空という雰囲気もある。それぞれ気体や液体の種類，温度，圧力が問題となる。

機械の軸受では一般に表面AとBの材質は金属である。滑り軸受の潤滑膜Cは，通常10～100 μmの厚さの液体油膜である。雰囲気Dは通常大気で使われるが，真空の場合もある。**気体軸受**，例えば，ヘリウム液化機に使われる膨張タービンの動圧気体軸受はヘリウムガスを潤滑膜Cとしており，その厚さは数 μm～10 μmである。雰囲気Dはヘリウムガスであり，温度は極低温20 Kからかなり高温となる500 Kである。磁気ディスク装置のスライダは，表面Aはカーボン，表面Bはセラミックまたはカーボン，潤滑膜Cは膜厚さ0.01 μm（10 nm）以下の空気膜である。明石海峡大橋の橋脚の支持部では，橋のけたの伸縮や曲げに対応できるようにしゅう動しつつ巨大な荷重を支えている。スキーの板と雪，スケートのエッジと氷，などの現象もいまではトライボシステムの一つと考えられている。これらの例に示すように，トライボシステムの範囲はミクロのものから巨大なものまでいろいろある。しかし，それらはトライボロジーという学問体系の中では同じ類似性を示すカテゴリーである。

相対運動する表面AとBは，一般に機械の場合，加工されて滑らかに見える。しかし，細かく表面を観察すると表面には凹凸や突起などがあり，いわゆる粗さをもっていることがわかる。これら凹凸や突起をもった二面が接触すると，二面がぴったり接するのではなく，それぞれの凹凸や突起がほんのわずか接触している。相対運動する二面間の摩擦力は，これらの接触した凹凸や突起が再び離されるときのせん断力と等しいと考えられている。この接触とせん断が繰り返されると表面AおよびBは摩耗していくと考えられる。これらについては5章以降で説明する。

これに対して，二面間に液体などの潤滑膜Cがあると，二面A，Bは直接接触せず潤滑膜Cを介して接している。相対運動する二面間の摩擦力は，突起した金属のせん断力ではなく，潤滑膜Cのせん断力となる。すなわち，金属ではなく液体のせん断となるため，潤滑膜Cがあると摩擦力が急激に減少する。これが2～4章で説明する潤滑である。しかし，特殊な場合には，潤滑膜があるとそれによって吸着力が大きくなり，7.8，7.9節で説明するように

逆に摩擦力が大きくなる場合もある。このような場合，潤滑剤をなくして摩擦力を小さくする工夫がなされる。

1.6 まとめ

1章では，以下のトライボロジーの概要について学んだ。

（1） 日常生活のすべての面に摩擦が働いており，摩擦はマイナスの面だけでなくプラスの面も多い。

（2） 機械装置や日常製品の進歩はトライボロジーの進歩と表裏一体であり，性能や信頼性において，トライボロジー特性の優劣が製品の優劣を決める大きな要因になることが多い。

（3） 紀元前から，油，ころ，車輪などの摩擦を減らすための工夫がされている。

（4） 摩擦法則はレオナルド・ダビンチが最初に発見し，アモントン，クーロンが再発見している。

（5） 流体潤滑理論はタワーの実験に始まり，レイノルズにより流体力学の応用問題として定式化された。

（6） 原子分子の領域のトライボロジーはマイクロトライボロジーとして進展している。

（7）「摩擦・摩耗・潤滑」という専門用語に変わって，二面間の科学と技術に関する学問を表す「トライボロジー」が近年採用された。

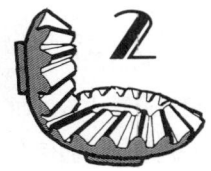

2

潤　　　　滑

トライボロジーという学問はその定義からわかるように科学と技術をあわせもつものであり，真理の探究と同時に実際のもの作りの技術を含む学際的な学問である。近年の工業製品の高度化は，単なる経験だけでもの作りが完結できず，実際の物理現象を十分理解し，理論的に解明し，実験で確認し，さらにそれを最終的に設計に生かすには柔軟な発想が必要となる。まずは，潤滑について学問として基礎知識を学ぶ。

2.1　潤滑の役割と設計者の役割

人々は，長年の経験から，摩擦・摩耗を減らすという潤滑の効果を知っており，日常の生活に自然に組み入れている。潤滑の主たる役割はしゅう動部分の損傷防止とエネルギー損失の低減であり，意識せずに，潤滑の目的は摩擦と摩耗を減らすことであるということを理解している。ころを使うことと油脂を用いて潤滑することが，古代における摩擦・摩耗を減らす二大発明といってよい。ころは転がり軸受として，現代の生活に不可欠な機械要素として定着している。潤滑は動植物油脂によるものから，鉱油から作った潤滑油，水や気体を用いたもの，固体潤滑剤を用いるものなど，使用する潤滑剤の種類が大きく広がっている。長年の経験知と理論的な潤滑作用の研究により，潤滑に関する知見が積み上げられた。軸受の潤滑作用は液体や気体のもつ粘性が本質的なものと認識され，油脂や潤滑油を用いなくとも，水や気体に潤滑作用が期待できる

ことがわかったためである。

　潤滑の重要さは認識されているが，トライボシステムにおける潤滑剤は必ずしも必要不可欠なものではなく，潤滑剤を供給しなくても，相対運動する二面間の材料の損耗がなく，機械が損傷することなく稼動すれば問題ない。面倒な給油装置を補機としてつけることなく機械が動けば，機械の簡素化と信頼性向上の面で望ましいものとなる。このような目的で小型のメカトロニクス機器では自己潤滑性をもつプラスチック樹脂が，軸受や歯車に多く使用されている。しかし，一般に大部分の機械のしゅう動部分(たがいに相対運動する二面）は特別に潤滑を行うのが常識である。その理由は，機械や装置の高速化または大荷重化による機械の損傷を防ぎ，また摩擦によるエネルギー損失を低減したいためである。液体潤滑剤が使えないところや，二面間の相対速度が遅く，荷重が大きく，流体潤滑作用が望めない場合には，固体潤滑剤が種々使用されている。

　油類による潤滑は油漏れによる汚染の問題があり，オイルシールと併用されることが多い。しかし，オイルシールを備えることは，装置設計上煩わしいことである。シールをつけるために軸が長くなる，シール交換を考慮した構造への配慮，シール劣化による油漏れの心配もある。そこで，水力発電所の水車のように，水を用いるところでは，水そのものを軸受の潤滑剤として漏れることを許容する場合もある。また，極低温で使用するヘリウム液化機のターボ膨張機や，ガス冷却原子炉における放射能雰囲気で使う循環用送風機では，そのプロセスガスであるヘリウムガスを軸受潤滑剤としている例がある。

　どのような潤滑法を採用するかは，その機械の機能や目的，使用環境，条件により異なる。理論的研究のみならず，長年の使用実態や経験に従って決められることが多い。潤滑の方法を失敗すると，機械システムに致命的なダメージを与える。高温や極低温，放射能雰囲気，超高速や超低速，高荷重や超低荷重など，それぞれの条件に適した潤滑方法を選択することは機械や機器の設計における最も大きな課題である。軸受や潤滑方法は機械システムの構成に大きく影響する。工学的に熱力学や流体力学の観点から最適と考えられるシステムで

あっても可動部分を支える トライボシステムがないと機械として成立しない。

例えば，スターリングエンジンは，熱力学的に見ていろいろ利点があり，望ましいエンジンである[1]。しかし，ピストンなどの可動部分を支持し，滑らかに動かすには種々の問題があり，数十年来研究されてきたが，まだ実用化されているものは少ない。

世界の大部分のガソリンエンジンはレシプロエンジンである（図2.1）。ごく一部にロータリエンジンが実用化されている（図2.2）。レシプロエンジンは円筒状のシリンダ内をピストンが往復するものである。一方，ロータリエンジンでは両面を平板でふさがれた複雑なまゆ状の燃焼室内をロータ（ロータリピストン）が回転する（図2.3）。高温高圧の燃焼ガスのシールを考えると，

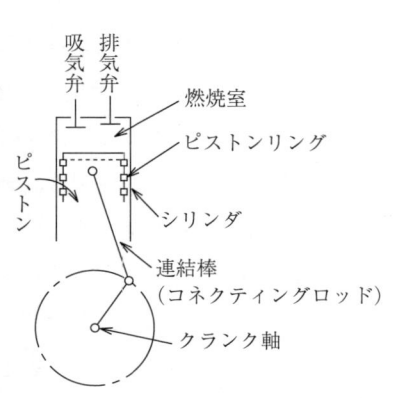

図2.1　レシプロエンジン

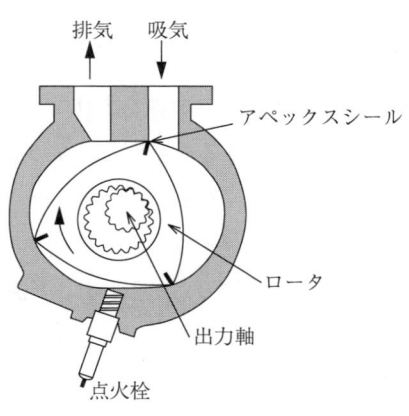

図2.2　ロータリエンジン

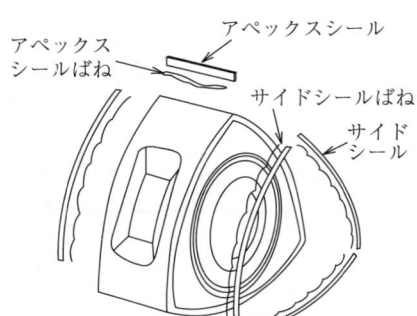

図2.3　ロータリエンジンの
　　　　ロータ詳細

2. 潤　　　滑

円筒ピストン（レシプロエンジン）では円形リングのピストンリングで行い，ロータリピストンでは直線状の平面シールとなる。トライボロジーの観点からすると円形ピストンリングは潤滑が容易，かつ，冷却が容易である。一方，平面シールはシール面の密着性に問題があり，また，直接，高温燃焼ガスにさらされるため，潤滑が困難である。ロータリエンジンはこのような困難を克服したものと評価できるが，コスト的に大きなハンディを負うものとなっている。一般の自動車用レシプロエンジンの常用回転数は5 000 rpm以下である。もっと出力を上げるために高速にしたくても，通常の潤滑では無理である。無理を通せばエンジンの焼付事故につながる。事故を防ぎ，高性能化を図るには，トライボロジーの科学と技術が不可欠である。

磁気ディスク装置（HDD）では（図2.4（a）），磁気ヘッドは回転する磁気ディスクの上を一定のすきまを保持して空気浮上している（図（b））。この間隔（すきま）を小さくすればするほど記憶密度を大きくでき，装置の記憶容量を大きくできる。しかし，すきまを小さくすると，ヘッドとディスクが衝突する確率が高くなり，場合によってはデータが破壊される恐れが生じる。そこでスライダの浮上量をできる限り小さくしつつ，摩擦・摩耗を減らすというトライボロジー的努力が払われ，記録密度の向上と信頼性の確保というトレードオフの関係が生まれ，両者ともに妥当と考えられる浮上量を選択設計せざるを得ない。そこが設計者の裁量であり，種々のスライダ形状のアイデアを考え，磁気ディスク表面の改良をするなど，腕の見せどころである。

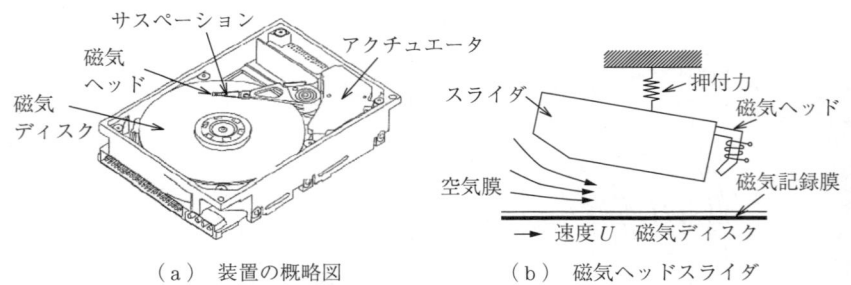

（a）装置の概略図　　　　（b）磁気ヘッドスライダ

図2.4　磁気ディスク装置

2.1 潤滑の役割と設計者の役割

過去において，スライダの浮上量を下げる努力のなかで，考え出されたアイデアの一つに「コンタクトレコーディング」なるものがあった．これは $1\,\mu\mathrm{m}$ 以下のサブミクロン浮上から $0.1\,\mu\mathrm{m}$，すなわち $100\,\mathrm{nm}$ 以下の，いわゆるナノメータ浮上に移る過渡期の1990年ごろに現われた考えである．従来の空気浮上に代えて，ディスク面に潤滑油を塗り，その上を滑走させようとするものであった（図2.5）．この考えは，薄い油膜に隔てられて，スライダと磁性面が直接接触しないので，一見よさそうに思えた．しかし，安定な記録再生にはディスクとヘッドは一定のすきまを保たねばならない．コンタクトレコーディング方式でこれを達成するには，$100\,\mathrm{nm}$ 以下の厚さ一定の油膜をディスク面上に作らねばならない．高速で回転するディスク面上に液状の潤滑膜を一定の厚さに何年間も保つことができるであろうか，それが従来の空気膜に代わることができるのかは，大きな問題であった．このような基本的な問題を判断するにはトライボロジーの基本的素養が問われるものである．結果的にいまでも空気浮上が続いている．おそらく浮上量が $5\,\mathrm{nm}$ となっても空気浮上であり，換

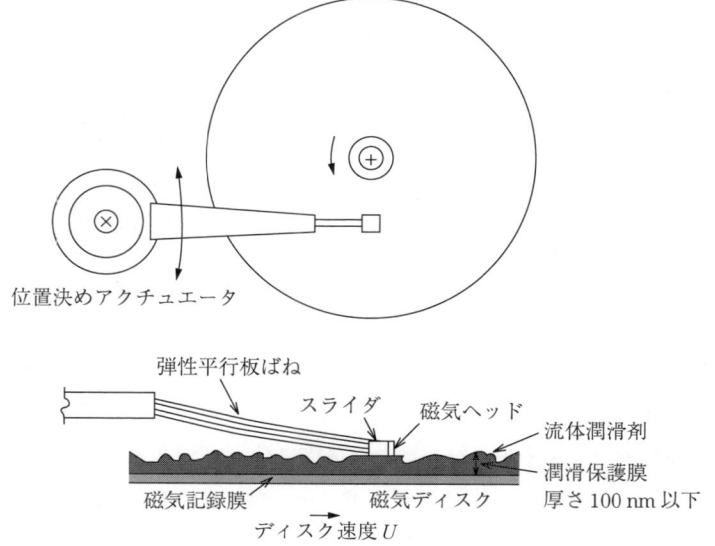

図2.5　コンタクトレコーディング方式のスライダ

言すれば空気浮上の低減が不可能となったとき，HDDの記録密度向上が止まるときであろう．そのとき，HDDは，商品として強いニーズがあれば，空気浮上とはまったく別の新しいトライボロジー技術が考案され生き延びていくだろう．

以上の例のように，限界を追求していくとトライボロジーの壁にぶつかることが多い．トライボロジーの設計者はシステム全体を俯瞰（ふかん）できる幅広い知識が要求される．限界を追求しつつ，実際の設計では一面に偏ることなく，理論・実績・経験を勘案して破綻のないものになるように努力が払われている．

人間の感覚能力からすると，ミクロンオーダは手で触れるなどにより認知可能である．さらに小さくなるサブミクロンは，光として感知できる．ナノメータのオーダになると，人間の五感では感知できない数値になる．しかしながら，世の中には製品として，ナノメータ浮上のスライダが磁気ディスク装置の中に使われている．半導体においてもナノメータオーダの技術が多い．現場の設計者は見えないものを見えるように工夫し，そのイメージを頭の中に描き，アイデアを考え，製品化している．人間の第六感をフルに活用し，理論計算や実験の方法を工夫することにより，見えないものを見えるように努力している．それに加えて，経験を積むことにより，計算結果や実験結果が渾然一体（こんぜん）になって頭の中で明確な形となって現れてくる．研究者の役割は，見えないものを見えるようにする道具（理論・測定法）を創ることであり，さらに新しい現象を見つけ，新しいシステムをつくりだすことである．技術者の役割は，それらの道具を用いてアイデアを考え，具体的な製品にしていくことである．

トライボロジーという科学と工学の両面をもつ実践的な学問が，研究者や技術者の頭の中で十分理解されておれば，初期のシステム設計において基本的な大きな失敗をしないであろう．また，問題解決のため，新しいアイデアを考えるとき，理論的な支援や裏付けが得られるだろう．トライボロジーは実際的学問であるが，さまざまな学問によって理論的裏打ちされた学際的な学問である．経験だけに頼ることなく，理論の重要性も学んでほしい．

2.2 ストライベック曲線

2.2.1 ストライベック曲線による潤滑状態の理解

　トライボロジーの目的は，何度も述べるように安全に機器類を運転することであり，最小の摩擦力で長期間稼動させることにある。これを実現させるには相対運動する表面の摩耗を防止する必要があり，潤滑という方法が使われる。

　効果的に潤滑を行うためには，摩擦面の潤滑状態を知る必要がある。そのための一つの方法として，ストライベック曲線が用いられる。ストライベック曲線とは，回転に必要な力を表す摩擦係数と，回転状態を示す軸受定数（運転パラメータ）の関係を示すグラフである。ストライベック曲線はつぎに説明するように軸受定数の大小によりいくつかの領域に分けられ，それぞれが一定の潤滑領域に対応する。機械や機器などの対象システムがどの領域で運転，または操作されるかをストライベック曲線により判断し，それにより潤滑方針の対応を決めることができる便利なグラフである。

　実用上便利なストライベック曲線は，多くの研究者の努力の結果，実験的に発見されたものである。相対運動する二面間に油脂を塗ると摩擦と摩耗が低減するという潤滑の効果は，エジプトの時代から経験的に知られていた。それから数千年がたち，タワーは鉄道車両の潤滑の研究中に，回転する軸を支える滑り軸受の油膜にかなりの圧力が発生していることを偶然発見した（1883年）。さらに詳細に実験を行ったところ，十分な量の潤滑油を供給すると，摩擦力が安定的に小さくなるなどの結果を得た。ドイツの技術者ストライベックは滑り軸受の摩擦係数と荷重の関係を詳細に研究し，この関係に極小値が存在することを発見した（1902年）。彼は荷重ばかりでなく，潤滑油や回転数を変えて膨大な実験を行い，摩擦曲線の最小値があることも見いだした。しかし，それらがなぜそうなるのかは不明であった。同じドイツのハーゼイ（Hersey）やギュンベル（Guembel）もストライベックと同じ実験を数多く行った。ハーゼイはその実験結果を整理するために

$$G = \eta \frac{N}{P} \tag{2.1}$$

という定数を導入したところ，多くの実験結果がうまく一つの曲線に収束することを見つけた（1914年）。以後，この曲線は，この研究のさきがけ者の名をとり，ストライベック曲線（Stribeck curve）と呼ばれている。定数 G は，軸受の運転状態を示すパラメータであり，今日では軸受定数と呼ばれている。ここに，粘度 η，軸回転数 N，軸受面圧 P（$= W/A$，W は荷重，A は軸受面積）である。軸受定数に用いる η，N，P の定義および単位はそれを使う人により異なる場合があるので注意が必要である。

2.2.2　ストライベック曲線による潤滑状態の分類

軸受定数 G と摩擦係数 μ（$= F/W$，F は摩擦力）の関係を示すストライベック曲線は，一般に図 2.6 のような曲線を示す。軸受定数が大きいことは速度が速いことと荷重が軽いことを意味し，軸受定数が小さいことはその逆に速度が遅く荷重が大きいことを意味している。典型的なストライベック曲線は，その当時，流体滑り軸受の摩擦に興味が集まっていたので，軸受定数が大きい

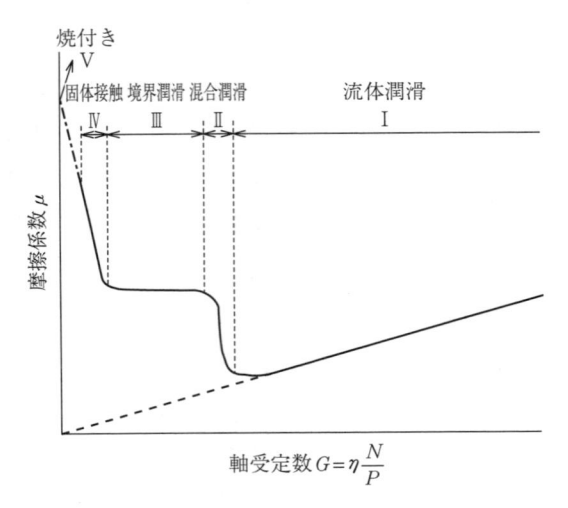

図 2.6　ストライベック曲線

場合の実験結果であって，軸受定数のごく小さいところの値を示していない。実験からわかった知見とこの曲線の特徴から，後年，この曲線とその物理現象に即していくつかの領域に分類整理された。領域Ⅰは，摩擦係数が最小を示すところから軸受定数 G とともに直線的に摩擦係数 μ が大きくなる領域である。これは流体潤滑（fluid film lubrication）領域と呼ばれている。ここでは表面粗さより潤滑膜厚さが十分大きく金属接触をほとんど無視し，油膜のみを考えればよいところである。一方，G が小さくて μ が大きく，かつ，ほぼ一定の領域である領域Ⅲを境界潤滑（boundary lubrication）領域と呼ぶ。表面の凸凹や突起が数多く，部分的に接触している領域と考えられる。この領域は，相対運動する二面の表面突起間の干渉が生じている，と考えられる領域である。この境界潤滑と流体潤滑の間に挟まれた領域Ⅱは，境界潤滑と流体潤滑が混在していると考えられ，混合潤滑(mixed lubrication)領域と呼ばれている。

　さらに荷重を増して軸受定数 G がより小さいところで使用すると，急激に摩擦が大きくなることが観察された。経験的には，木と木をこすって火をおこすことから実感として，こすると熱を持ち，激しくこすると煙を出して燃え出すことが知られていた。この状態では潤滑油の効果はほとんどなく，表面Ａと表面Ｂの固体どうしが直接接触する状態である。このような領域は，乾燥摩擦または固体接触（dry friction または solid contact,）領域Ⅳと呼ばれる。この領域におけるトライボロジー設計は極力避けるべきである。しかしながら，流体潤滑軸受で支承している回転機械が起動停止するとき，境界潤滑になり，さらに固体接触が避けられない。一般的にはこれに耐えるように材料を適正に選択し，一時的な接触に耐えるように設計している。原子力/火力発電所の蒸気タービンや発電機などの重量が重く，大型の機械ではこの固体接触の状態がシビアになるため，起動停止時だけ，外部から高圧潤滑油を供給する静圧軸受を併用して使用する場合もある。長大なつり橋の取り付け部には橋の上下動や伸び縮みを許容する可動部分がある。荷重が大きく滑り速度が遅いこのようなところでは，流体潤滑剤が使えないので，固体潤滑剤が使用されている。

　さらに荷重が大きくなると，この固体接触が激しくなり，相対運動をしてい

た二つの物体がくっついて一体となってしまうことがある。このような摩擦の極大化を「焼付き（seizure）」という。これは動いてもらわねばならない機械が停ってしまうもので大事故となる。絶対に避けねばらない状況である。

2.2.3 軸受定数と軸受すきまの関係

ここで，あらためてストライベック曲線の軸受定数 G について考えることにする。潤滑に直接関係するパラメータを理論的に考察する上で，軸受定数 G を用いると理解が容易になる。潤滑状態では摩擦力 F は，荷重 W と軸受面積 A，回転数 N または滑り速度，潤滑剤の粘度 η が関与していることがわかる。一方，実際の機械の設計という別の見方からすると軸受定数 G は，軸受というもののかたちをつくる上で重要な値である軸受すきま h を直接的に表現していないという問題がある。エジプトの時代から軸受のすきまは経験的に決まるもので，すきまの大きさを意識的に決定するという思想がなかったと想像される。時代が下って，ストライベックの時代においても運転している状態で軸受すきまを直接測定することが困難であったと推察されるので，軸受すきま h を使わずにそれに代わるものとして工夫されたのが，軸受定数 G であろう。軸受定数 G と軸受すきま h の関係は，流体潤滑の状態では後述の式（3.12）と G の定義式（2.1）より，つぎのような簡単な関係にあることがわかる。

$$h^2 \propto G \quad \text{または} \quad h \propto \sqrt{G} \tag{2.2}$$

ストライベックの実験はもともと流体潤滑領域の摩擦係数の測定から始まったものであるから，流体軸受の理論から導かれた式（3.12）と軸受定数 G が上式のように簡単な形となることは予想されたことであろう。しかしながら，ハーゼイやギュンベルが導入した軸受定数 G は，測定が困難であり数値化できない見えないすきま h の代わりに，測定できる値を使って数値化できる見える形の軸受定数 G に書き換えられたものといえる。試行錯誤的あるいは次元解析などによって軸受定数 G を見つけたと思われるが，彼らの工学センスの良さを思わせるものである。見えないものを見える形にする努力の結果であ

ろう。

その後の技術進歩はミクロンオーダのすきま測定を可能とした。現在はナノメータオーダのすきまも測定することも可能となっている。そこでトライボロジー現象を理解し，ものの設計をするために，抽象的な軸受定数 G の代わりに，変数として具体的に物理イメージを描くことができるすきま h を用いるほうが，相対運動する二面間の物理現象を直感的に理解しやすいと思われる。

2.2.4 ストライベック曲線と面粗さの関係

ストライベック曲線で分類した潤滑領域を摩擦という観点から整理すると，流体潤滑領域Ⅰでは流体摩擦，境界潤滑Ⅲおよび混合潤滑領域Ⅱでは境界摩擦，固体接触領域Ⅳでは乾燥摩擦となる。これら摩擦の三態のモデルを模式的に示すと，図 2.7 のようになる。軸受すきまという物理的に直接認識できるも

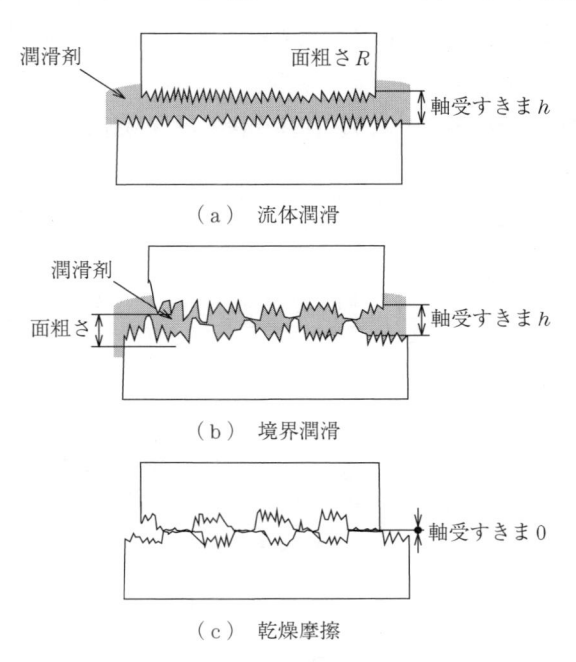

図 2.7 粗さがあるときの潤滑状態模式図

ので考えると，そのつぎのステップとして流体潤滑の場合に問題とならなかった軸や軸受の表面粗さという物理量が気になってくるであろう．こうして，すきま h と面粗さ R が摩擦に関係していることが推察されるようになった．測定機の開発が進み，軸や軸受の寸法や面粗さが精密に測定できるようになってから，ストライベックのころには理解できなかった摩擦の最小値が存在する理由は，粗さとすきまの関係によって現れる現象であると認識された．さらに多くの研究によりストライベック曲線の特性は，流体潤滑膜の厚さ h と，接触する二面の粗さの和 R の比で説明できることが明らかにされた．

ここで，式（2.2）を勘案し，すきまと粗さの比を変数としてストライベック曲線を見直し，ストライベック曲線を図 2.8 のように表すことにする．この図は通常の機械を考えるとき，実験で得られる代表的な数値を入れると，直感的に最も理解しやすいと思われる．粗さと膜厚さの比 h/R が十分に大きい（例えば，$h/R>10$）場合は流体潤滑領域となり，$h/R \leqq 1$ の場合には境界潤滑領域になるといわれている．

混合潤滑領域はその名のとおり，流体潤滑と境界潤滑が入り混じった領域で

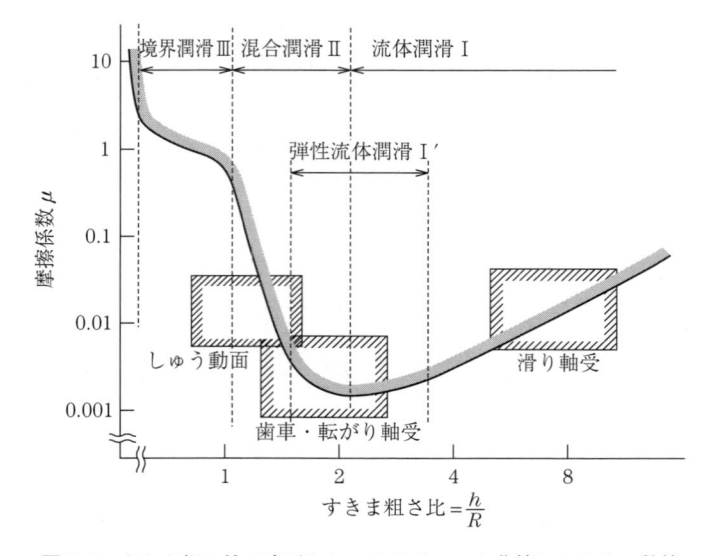

図 2.8 すきま粗さ比で表示したストライベック曲線とおよその数値

ある。混合潤滑と流体潤滑の境目は摩擦係数が最小になるところである。混合潤滑領域のすきまは，精密機械加工された金属間では，0.1 μm 前後である。転がり軸受はこの最小摩擦係数の近傍で弾性流体潤滑（後述）の状態で使用される。

この図 2.8 は，軸受の使用条件（荷重，速度，粘度）を変えない状態で，粗さ R を小さくすれば限りなくすきま h を小さくでき，それに応じて摩擦を低減できることを示している。すきまを小さくすると摩擦力が小さくなることは，矛盾するように聞こえるが，これは荷重が一定であるという条件があるので，小さなすきま内の圧力が高くなり，軸受面積が少なくすむために軸受損失が減少するのである。逆に考えると，すきまが大きくなると平均面圧が下がり，軸受面積が大きくなるため，摩擦は大きくなる。転がり軸受は粗さを小さくし，弾性流体潤滑を利用して摩擦を小さくしている。このように軸受粗さを小さくすることのメリットは大きい。粗さの取扱いは，流体潤滑の理論的解析問題の一つとして重要問題であるが，粗さのレベルをある限度以下にすれば，実質的には粗さの影響をほとんど無視できる。一方，実際面では機器の製品製造のレベルにおいて，表面粗さをどのように指定するかは，製品コストに大きく跳ね返る。そこでは性能と信頼安全性およびコストの兼ね合いから機械表面の表面粗さが決定される。

十分な潤滑剤が供給される流体潤滑状態 I の二物体間の距離（すきま）は，発電所の水車やタービンのような大型ターボ機械では，100〜200 μm である。高速で回転する小型ターボ機械では，このすきまは，50〜100 μm 程度である。動圧気体軸受のすきまは 5〜20 μm である。特殊な気体軸受の一種である HDD のスライダの浮上量（磁気ディスクと磁気ヘッドのすきま）はおよそ 10 nm である。流体潤滑作用を期待するためには，面粗さをすきまのおよそ 10％以下にすると，潤滑特性に粗さの影響をほぼ無視できると経験上いわれている。

境界潤滑領域 III では，物体表面の粗さの大きさとすきまがほぼ同じオーダであり，粗さ突起の先端がたがいに接触，融着，切断などを繰り返している状態

と考えられている．二つの物体が接触・融着・切断するときには大きな発熱作用があり，その周りの潤滑剤になんらかの影響を与え，複雑な化学反応が生じ，潤滑剤だけでなく，その反応生成物も潤滑作用をしているものと考えられる．境界潤滑領域Ⅲでの摩擦係数は接触する二表面の材料，潤滑油の性質によって大きく変わる．そのため材料や潤滑剤の選定は難しくなる．乾燥摩擦領域Ⅳでは潤滑油の効果はないので，接触する材料はさらに非常に厳しい状態であり，トライボロジー的観点から適切な対策が必要となる．

以上のように，図2.8のストライベック曲線に示す摩擦摩耗の特性は，大きく分けると，面粗さの影響を受けずに二面がまったく離れて運動する流体潤滑領域と，なんらかの条件で二面がときどきまたはつねに接触している流体潤滑以外の領域に二分できるといえる．本書の前半（3章～4章）は主として単純な流体潤滑状態について述べており，後半（5章～9章）は二面間の複雑な相互作用について述べている．

流体潤滑領域では相対運動する物体は流体潤滑膜によって隔てられており，二物体はまったく接触することなく運動することができる．一般的にいえば，トライボロジーにおける究極の設計は，この単純な流体潤滑領域を目指すべきである．トライボロジーの目的である，摩擦を減らし，焼付きをなくすことにかなっている．シビアな条件で運転する機械類のしゅう動部分は，まず流体潤滑軸受で設計すべきである．定常運転は流体軸受を基本とし，起動停止時などの過渡的なところでは，境界潤滑または固体潤滑で一時的にしのぐのが流体潤滑軸受の定法である．特殊な例ではあるが，最近の磁気ディスク装置のディスクとスライダのトライボロジー設計はほぼこの考えを踏襲している．

油潤滑流体軸受では，給油装置などの補機類が必要になり，コストの増大や装置の大型化など，不利な条件が出てくる．そのような場合には，低コスト化と小型化の次善の策として転がり軸受の検討を勧める．さらには，軸受システムの簡略化のため，固体潤滑もあり得る．近年のメカトロニクス製品は，種々の制約条件が多いため，流体潤滑軸受を採用することが難しい場合が多いので，流体軸受以外の幅広いトライボロジー技術の知識が広く要求されるように

なっている。最近のHDD用駆動モータ軸受は，回転精度の向上という要求から，従来転がり軸受を使っていたものを，コストはかかるが低振動が可能な流体軸受に復活使用されている。

2.2.5　ストライベック曲線の例外現象

ストライベック曲線から外挿する流体潤滑理論では，前述のように，面粗さを小さくすればいくらでもすきまを小さくすることができることを示している。しかし，すきまをどんどん小さくしてゆき，それが数ナノメータ（nm）以下になると新しい現象が出てくることがわかってきた。それはストライベック曲線の例外となる現象である。実世界のニーズを追求していくと，つぎつぎに新しい世界が広がってきた。例外と思われたことを掘り下げていくと典型事例となり，これらトライボロジーの新しい研究分野はマイクロトライボロジーと呼ばれるものに発展している。

磁気ヘッドスライダでは高密度化のために浮上量を下げねばならず，徹底的に粗さを小さくすることにより，軸受すきまを小さくして摩擦を減らす方向に努力している。前節で述べたすきまと粗さの経験則では，浮上量が10 nmの場合，粗さを1 nm以下とすれば十分流体潤滑の領域にあると判断できた。しかし，実際は，粗さを小さくすると静止時にスライダとディスクがくっついてしまう吸着という問題が生じた。この場合には，図9.6に示すように逆に面粗さを適当に粗くすることにより，吸着を防ぐことが実機レベルで行われている。スライダの吸着問題はストライベック曲線の例外現象の一つであり，流体の表面張力によるメニスカス力によるものである。

二面間を満たすだけの十分な量の潤滑剤がある場合の摩擦係数変化について，前述のストライベック線図によって学んだ。しかし，特殊な例であるが，上記の例のように，二面間に液体潤滑剤が存在するが，その量が極度に少ない場合に，潤滑剤の粘性による摩擦係数の増減とは違う物理現象による摩擦係数の増加がある。

二面間に潤滑剤が存在しない場合，両物体が乾燥摩擦状態で直接接触するた

め，摩擦力は大きい。この状態で潤滑剤が少量供給されると境界潤滑状態となり，荷重は一部が潤滑剤で支えられるため，摩擦力が低下する。さらに潤滑剤を供給すると，真実接触面近くだけでなく二面のすきまに広がりはじめ，見掛けの接触面積近くまで二面間を濡らすと摩擦力が増加する。二面が平滑である場合にこの摩擦力の増加が大きい。HDDのヘッドディスク部分，マイクロマシンなどではこの摩擦力の増加が大きな問題となる。日常生活でも，紙幣を数えるとき，あるいはビニール袋を開けるときに指先を濡らすと摩擦が増えて数えやすくなることは経験していることである。精密測定で用いられるブロックゲージでも平滑面間に微少量のグリースをつけて二つを密着させる「リンギング」と呼ばれる手法があり，その原理と同じ理由である。これは，平滑二面間にある液体の表面張力が二面を引きつける方向に働き，外部荷重に加えて働くので摩擦力が大きくなるためである。この表面張力による引きつけ力はメニスカス力と呼ばれる。詳細は7.9節で説明する。

　潤滑剤は量がさらに多くなると，見掛けの接触面積の外まで広がり，メニスカス力は小さくなり，本節の前半に説明した場合となり，ストライベック線図に説明されるような摩擦係数変化となる。塗布型磁気ディスクとガラスヘッドの間の潤滑剤の量と摩擦力の変化の関係は，潤滑剤量が見掛けの接触面をほぼ満たす状態で摩擦係数が増加し，それ以上で流体潤滑膜が形成されて非常に小さくなる。潤滑油量の多寡によりストライベック曲線からはずれる例外現象が生じている。このような問題を避けるため，経験上，流体潤滑軸受に十分な量の潤滑油がつねに供給されるように設計している。

　そのほかに従来の研究されてきた摩擦・摩耗現象以外の表面に関する新しい現象が観察されている。極微小すきまでは，単純に現在のマクロな潤滑法を原子分子のミクロな世界に拡張していくことができなくなり，たがいに接触する二物体間のミクロな原子分子の力を考慮せざるを得ない状況になってきている。最近の研究によれば，二面間の距離が数ナノメータ以下になると，二表面間の分子間引力（ファンデルワールスの力，van der Waals force），静電力，磁気力などにより，流体潤滑作用が不安定になり，安定なすきまを維持するこ

とが困難であるといわれている。このように二面間のすきまが分子原子オーダに近づくと，表面の挙動はその表面の分子原子の性質が顕著に現れてくる。たがいの面を吸引したり排斥反応する現象が見られる。これらの現象は従来の摩擦・摩耗潤滑という学問体系では重要視されてこなかったものである（7.8節参照）。

以上のような現象は磁気ディスク装置のみならず，半導体ウェーハの加工や研磨において，表面の分子原子的挙動が製造上の問題となっている。この問題は，ファイル装置や半導体の設計/製造という実際的問題とも結び付いて，活発に研究が進められており，最近，マイクロトライボロジーと呼ばれる学問分野である。本書の5章以降の表面・接触・摩擦・摩耗の記述は，マイクロトライボロジーを十分意識したものである。

2.3 境界潤滑と混合潤滑

2.3.1 バウデン・テイバーの境界潤滑膜

ストライベック曲線の形態から，便宜的に境界潤滑領域と分類された境界潤滑とはいかなる潤滑状態であろうか。流体潤滑状態より摩擦係数が大きいことから，固体表面の一部が接触していることが想像される。バウデンとテイバーは，二つの金属膜表面に形成される吸着分子膜（境界膜）を隔てて運動する状態を境界潤滑と呼んだ（1950年)[2]。しかし，境界潤滑の状態を直接観察できないため，実験事実から想像した概念図を**図2.9**のように提案している。一部の金属はたがいに接触しており，金属1と金属2がたがいの運動によって凝着接合し，それが運動によって切断されるとしている。直接接触していないところでは吸着した油分子によって離されており，また，すきまが大きく潤滑油が満たされているところでは流体潤滑状態と見なしている。このような状態での摩擦力 F は次式で表される。

$$F = A\{\alpha S_m + (1-\alpha)S_f\} \tag{2.3}$$

ここで，A：真実接触面積，α：金属間が直接接触している割合，S_m：金属接

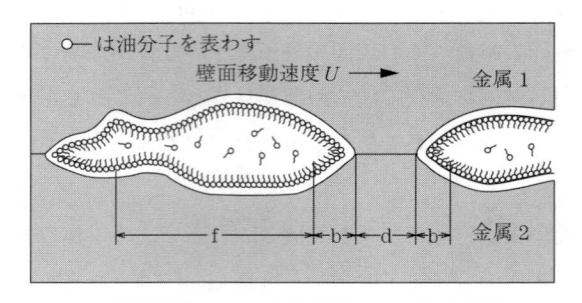

b：境界摩擦　　d：乾燥摩擦　　f：流体摩擦
図2.9　バウデン・テイバーによる境界潤滑

触部のせん断強さ，S_f：境界膜のせん断強さ，である。

　摩擦力は接触金属のせん断力と境界膜のせん断力の合計であって，流体潤滑膜の摩擦力は考慮していない。物体に垂直に加わる荷重は，金属接触部分と境界膜で支えているとしている。バウデン・テイバーが定義する境界潤滑では，二つの物理現象の仮説を述べている。一つは金属表面が部分的に接触していること，もう一つは金属表面に分子状の油が吸着していることである。この吸着膜である境界膜をバウデン・テイバーは**境界潤滑膜**と呼んだ。境界潤滑で金属表面の粗さが接触するという仮説は，あくまでも静的な状態におけるものである。どちらか一方が動く場合では，接触した部分が融着し，それがせん断されることにより摩擦力が生じるという，いわゆる摩擦の凝着説に発展し，境界潤滑領域で摩擦力が大きくなる理由とされている。これがバウデンとテイバーの動的境界潤滑膜理論である。バウデン・テイバーはピン/平板の摩擦試験機の実験を数多く行っているが，この境界潤滑面を直接見ているわけではなく，また見ようとしても真実接触面積は測定不可能であろう。式（2.3）で表されていることはいまだ仮説のままであるが，その後の多くの実験においても特別の異論が出ていない。現在では，境界潤滑状態とは摩擦面上の接触点に繰り返し作用する力によって，表面近傍が微視的に破壊される現象として取り扱われ，バウデン・テイバーの考えは基本的に正しいものとして受け入れられている。

　境界潤滑における潤滑膜の吸着層は強固に金属表面に付着している。そのた

め二面が急接近した場合には，この吸着油膜層が緩衝材となって，固体と固体の直接接触を防止し，かつ，油膜層ができることによって摩擦を少なくする効果があると考えられる。これらを総称して**境界潤滑作用**と呼んでいる。油潤滑軸受はこの作用によって機械の起動停止がスムーズに行われる。一方，気体軸受では潤滑剤である気体にこのような境界潤滑作用がないので，起動停止時や高速回転時の接触は焼付きにいたる恐れが大きい。そこで気体軸受，特に動圧軸受では軸や軸受の表面処理が重要となる。4.3.3項で述べるヘリウム液化膨張タービンでは軸と軸受の表面をセラミックのプラズマ溶射コーティングしている。また，つぎの2.3.3項で述べる磁気ディスク装置ではディスク表面に硬いカーボン膜と非常に薄い油潤滑膜をつくっている。

　混合潤滑とは境界潤滑における流体潤滑の割合が多い状態といえる。いずれの状態も直接に接触部分を観察できないので，摩擦係数の測定から摩擦の急激な立上り，または立下りの部分を便宜的に混合潤滑と呼んでいる。このように混合潤滑は流体潤滑から境界潤滑へ，またはその逆の過渡的潤滑状態と考えられる。しかし，混合潤滑の物理的特性は定性的には流体潤滑であると見なしてよかろう。すなわち，混合潤滑は接触状態にあるシビアな流体潤滑と考えられる。

2.3.2　添加剤の効果

　境界潤滑面での潤滑は，バウデン・テイバーの境界潤滑膜モデルが示しているように，その流体が持っている粘性とはあまり関係なく，潤滑油の分子が金属表面にいかに吸着するかが重要である。この性質を**油性**（oilness）という。油性により固体表面に強固な潤滑油膜面が形成され，それが緩衝材となって，固体と固体の直接接触が防止される。飽和炭化水素であり炭素原子が鎖状に連なったパラフィン炭化水素や，同じく飽和炭化水素であるが環状につながっているナフテン炭化水素は，表面活性を持たない無極性物質である。一方，-OH，-COOH，-NH$_2$などの極性基をもつ潤滑油は，金属表面に吸着しやすく境界潤滑膜をつくりやすい。このような目的で作られる添加剤を**油性剤**また

は油性向上剤と呼ぶ。

　油潤滑した同じ金属をしゅう動しつつ，摩擦面の温度を測ると，その温度が上がると摩擦係数が急激に上昇する場合がある。**図2.10**は銅と銅および白金と白金を潤滑条件下でしゅう動実験した結果である。急激に摩擦が増加する理由は臨界温度で境界膜が破断し，潤滑作用を失ったものと考えられる。このような物理現象が起きると，例えば，自動車エンジンであれば，シリンダとピストンリング間の潤滑膜が爆発の温度上昇で破断し，エンジンが焼き付く恐れがある。このような破滅的状況を防ぎ，高い温度条件において良好な潤滑作用を維持するために考案されたのが，**極圧剤**（extreme pressure agent, EP剤）である。極圧剤は，硫黄，塩素，りんなどを含む有機化合物であり，潤滑剤の**基油**に加えて用いられる。境界潤滑膜が破断して金属どうしがこすれて高温になると，極圧剤が金属表面と化学反応を起こし，硫化物，塩化物，りん酸塩を表面に生成し，金属間の直接接触を防ぎ，焼付き防止を図るものであると考えられている。

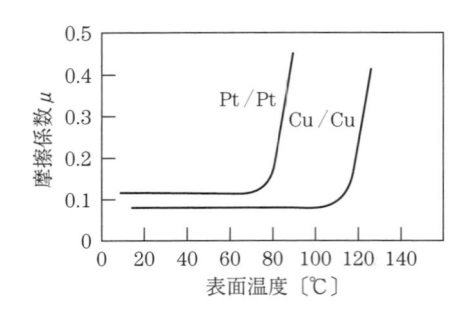

図2.10 表面温度と摩擦係数

　液体潤滑剤は基本的に流体潤滑作用を期待して用いられるが，実際の機械では境界潤滑の状態や油膜破断の危険性が避けられない。そこで潤滑剤には油性剤と極圧剤などを加えて潤滑油の性能向上を図っている。バウデンとテイバーは添加剤の効果を実験で確かめた（1950年)[2]。**図2.11**は温度が上昇したときの摩擦力の変化である。曲線Ⅰは基油である無極性のパラフィン油の温度特性である。これに油性剤である脂肪酸のみを加えると曲線Ⅱのように変化する。

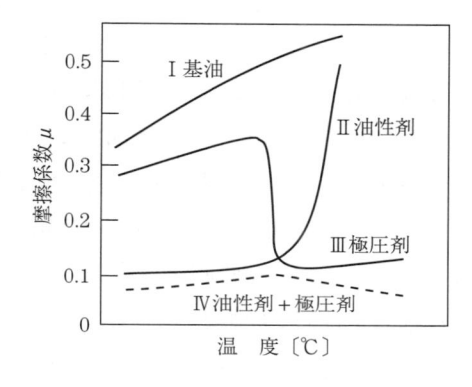

図 2.11 添加剤の効果

その効果は低温で摩擦を下げることである。しかし，温度がある臨界点を超えると，摩擦が急激に増す。これはこの臨界点で脂肪酸の吸着膜である金属石鹸の融点を超えて，その機能を失ったためである。つぎに基油に極圧剤のみを加えると，その温度特性は曲線Ⅲのようになる。低温では摩擦はあまり変わらないが，ある臨界温度以上で摩擦が急激に下がる。臨界温度以上で極圧剤が反応して摩擦係数を下げる効果を示している。さらに，油性剤と極圧剤の両方を加えると，曲線Ⅳのように低温から高温まで一様に摩擦係数を下げることが可能となる。このように潤滑膜が非常に薄く，一部で金属どうしが接触するような境界潤滑では，添加剤の効果が大きい。その組合せや配合比率は潤滑油メーカのノウハウである。しかし，いろいろな潤滑剤を混ぜて使うと，添加剤どうしの予期せぬ作用によって潤滑作用が悪くなる恐れもあり，使用上の注意が必要である。このように潤滑剤の添加剤は主として境界潤滑膜の保持にある。このほか，潤滑油の添加剤として，酸化防止剤や腐食防止剤，清浄分散剤，あわ消し剤などがその目的に応じて加えられている。

2.3.3 極限的境界潤滑における表面の保護

高記録密度 HDD のスパッタ記憶媒体の膜面構造は図 5.4 および 9.2.2 項で詳しく述べているが，ここでは潤滑の観点からその設計思想を考えてみたい。

通常の油潤滑滑り軸受は，流体潤滑作用と境界潤滑作用を同じ潤滑油で兼用

し潤滑している。しかし，磁気ディスクでは，微視的に機能分担している。磁気記録に必要な本来の機能は，磁気ヘッドと磁気ディスクのすきまを一定にコントロールすることにあり，その機能は空気軸受による流体潤滑が受け持っている。一方，接触時の危険を避けるために，基本的には潤滑油による境界潤滑と固体潤滑剤による表面保護を採用している。この設計思想を実現するために，磁気ディスクの薄膜媒体は後述の図 5.4 のように多層構造の複雑なものになっている。硬化ガラスまたは表面をアルマイト処理して硬化したアルミニウム基板の上に，磁性膜が強固に付着するように下地膜を付ける。その上に記録用磁性膜をスパッタ成膜する。さらにその上に，記録面を守るため硬くて固体潤滑作用のあるダイヤモンド状カーボン膜が記録面をすべて覆っている。またその上に非常に薄い油膜を作り，その上をスライダが空気浮上している。

　この磁気ディスク表面構造の設計思想は，記録読出しの高速回転時に，磁気記録に必要な要件である磁気ヘッドと磁気ディスクのすきまを空気膜で一定にコントロールしつつディスクとヘッドの直接接触を避けることと，不慮のディスクとスライダの瞬間的接触時にはディスク表面の潤滑油で境界潤滑作用により記録面を保護することである。起動停止時の接触はカーボン膜による固体潤滑作用に期待するものである。高速回転時のディスクとスライダの瞬間的接触は非常にシビアな状態であり，潤滑油の境界潤滑膜のみで耐え忍ばねばならない。しかし，磁気記録の制限から，その潤滑膜厚さは数分子から数十分子層に規制される。スライダが接触しても，油膜が破断することなく，表面に強固な境界膜を保持していなければならない。これらの性能に加えて，回転中に遠心力で吹き飛ばされることなく，数年間蒸発することなく表面に保持されておらねばならず，この境界潤滑作用を期待される潤滑油に要求される性能は厳しい。この目的で種々の合成油が考案されている。使用量はごく少ないが，非常に高価なものとなっている。

2.4 潤滑剤・グリース・固体潤滑剤

2.4.1 潤滑剤の種類

潤滑剤は，二面間相対運動の摩擦を低減する目的で，二面の相対運動面に供給されるものである。それらは，流体潤滑剤と半固体であるグリース，および固体潤滑剤に分類される。

流体潤滑剤には，本来の潤滑の目的のために製造された潤滑油と，プラントで使っているプロセス流体を代用または流用するものがある。水車や冷凍圧縮機で使う水や液体フレオンなどのプロセス液体と，空気液化プラントや一部の原子炉で使われている圧縮機では，空気やヘリウムガスなどのプロセスガスを用いているものがある。流体潤滑剤は流体の本来有する粘性を利用するものであるから，その性質を有するものであればなんでも利用できる。多くの潤滑油は石油系（鉱油）であるが，その他，動植物油や化学的に合成した潤滑油，切削加工などに使用される水性潤滑剤がある。潤滑油は基油と添加剤からなっている。

2.4.2 潤滑領域区分による潤滑剤の選択の基本

潤滑剤はたがいに相対運動する二物体間に注入され，摩擦・摩耗を低減する目的に使用される。ストライベック曲線の理解から，潤滑剤の基本的な選択基準は，つぎのように判断される。

（1） 流体潤滑領域Ⅰでは，流体の持つ粘性のみが流体潤滑作用（軸受作用）をするものである。したがって，潤滑剤は熱や温度によって変化しないものが軸受特性および潤滑剤の寿命劣化の点から望ましい。潤滑油としてパラフィン油やナフテン油のような飽和油が劣化しにくくてよい。合成潤滑剤も同じ観点から望ましい。不活性気体（ヘリウムガス，空気，窒素ガスなど）は，高温，極低温，放射能雰囲気中で，粘度の変化が小さく最も安定しており，気体軸受の潤滑剤として用いられてい

る。できれば使用目的によって粘度を最適にコントロールできるものが望ましいが，現在のところ，そのようなものはない。
(2) 境界潤滑IIIおよび混合潤滑領域IIでは，境界潤滑膜の潤滑作用が摩擦に大きく影響する。それ故に境界潤滑膜における油性や極圧特性が重要である。ステアリン酸などの不飽和油や種々の添加剤が用いられる。動植物油は一般に不飽和であるため，鉱物油より境界潤滑特性が良好であるが，長期の使用で劣化の恐れがある。昔の機械は速度が遅く潤滑が不十分であったため，その軸受や接触部分はほとんど境界潤滑の状態で使われていたものと思われる。そのような時代に，獣脂や菜種油のような動植物油が軸受部分に塗られていたことは，境界潤滑に適しており，理にかなっていたといえる。現在においても乳母車や自転車などの速度の遅い接触部分の潤滑はこのように考えてよい。しかし，油の劣化が早いので毎日の油差しが日常業務となる。

磁気ディスクの表面に塗る潤滑剤は，境界潤滑に特化したものである。このように用途に応じ機能に特化した潤滑油の設計が今後重要となろう。

(3) 固体接触する領域IVでは，荷重が大きくなるとたがいに動く二物体間を強制的に分離しないと焼付きの恐れがある。そのためには圧縮圧力に強く，せん断応力が小さい固体潤滑剤が用いられる。メカトロニクス機器ではたがいに接触する部分の面圧が低い接触部分が多い。そのようなところでは機構を簡単にするため潤滑を意識的に行わず，自己潤滑性をもつ材料やセラミック材料をしゅう動面に用いる場合も多い。固体潤滑剤は用途に応じて種々開発されており，機能性潤滑剤の代表である。

2.4.3 潤滑油の粘度

粘度（viscosity）とは，液体の粘り具合を示す指標である。ニュートン（Newton）は，その著書「プリンキピア（Principia）」（1687年）の中で，ニュートンの**粘性流体の法則**と現在呼ばれている仮説を述べている。それを現

代的に表すと，二平面間に液体を満たし，一方の板を固定し，他方の板をゆっくり動かすと，流体の内部摩擦または粘性の特性といえる力が，$F = \eta AU/h$ のように整理されることを示唆している。ここに F は流体の摩擦力，A は相対する流体が満たされている部分の面積，U は一方の板の速度，h は二つの板の間隔（すきま）である。η は比例定数であり，これを**粘性係数**（coefficient of viscosity）と呼ぶ。この式を単位面積当りの力，および微小量における変化率等に置き換えて

$$\tau = \eta \frac{du}{dz} \tag{2.4}$$

という微分の形で表すこともできる。模式的に描くと，**図 2.12** に示すように，単位面積当りの摩擦力（せん断力）がすきま方向の速度変化（ずり速度）に比例することを示している。このような性質を示す流体を，ニュートンにちなんで**ニュートン流体**と呼ぶ。水や空気，通常の潤滑油はニュートン流体と見なしてよい。ニュートン流体以外はすべて**非ニュートン流体**である。粘性流体の摩擦特性を図 **2.13** に示す。非ニュートン流体のうちグリースは図の③のような特性を示す。これを**ビンガム流体**という。

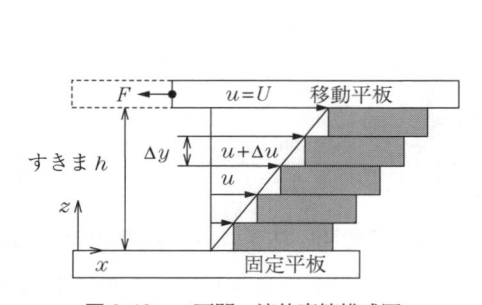

図 2.12　二面間の流体摩擦模式図 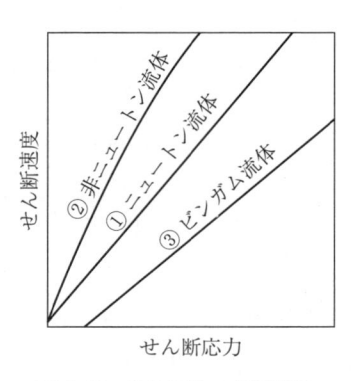　　図 2.13　粘性流体の摩擦特性

粘性係数 η は，式 (2.4) より，$\eta = \tau/(du/dz)$ であるから，その SI 系の単位は $N/m^2/[(m/s)/m] = N/m^2 \cdot s = Pa \cdot s$（パスカル・秒）となる。粘

性係数は**絶対粘度**（absolute viscosity）であり，粘度とは粘性係数のことである。

工学や工業の分野では，昔から呼び慣れた種々の粘度の呼び方が残っている。CGS系では力の単位に dyn（ダイン）を使い，粘度の単位を P（ポアズ）という。$1\,\mathrm{P} = 1\,\mathrm{dyn \cdot s/cm^2} = 1\,\mathrm{g/(cm \cdot s)} = 0.1\,\mathrm{Pa \cdot s}$ である。力の単位に重力単位を用いると $1\,\mathrm{P} = 1.02 \times 10^{-6}\,\mathrm{kgf \cdot s/cm^2}$ となる。1 P が大きく使いにくいときは，その 1/100 の cP（センチポアズ）が使われる。

絶対粘度 η と密度 ρ の比，$\nu = \eta/\rho$ を**動粘度**（kinematic viscosity）という。動粘度の SI 系の単位は $[\mathrm{m^2/s}]$ である。CGS 系における動粘度の単位は $[\mathrm{cm^2/s}]$ であり，これをストークス（Stokes, St）と呼ぶ。その 1/100 の単位をセンチストークス cSt という。$1\,\mathrm{cSt} = 1\,\mathrm{mm^2/s}$ である。

おもな流体（液体，気体）の絶対粘度を**表 2.1** に示す。空気の粘度は水の粘度に比べておよそ 1/50 以下であり，油に比べると 1/100 以下である。軸受損失は粘度に比例するので，空気軸受は油軸受に比べて軸受損失が大幅に少なくなる。

表 2.1　おもな流体の絶対粘度

流体	絶対粘度 η $[10^{-3}\,\mathrm{Pa \cdot s}]$
空　　気　（20°C）	0.018 2
水　　素　（20°C）	0.008 8
二酸化炭素　（20°C）	0.014 7
ヘリウム　（20°C）	0.019 6
水　　　　（20°C）	1.002
潤　滑　油　（40°C）	2〜1 500

工業用潤滑油は使用される機械の種類と潤滑油の粘度によって使い分けられる。その一部を**表 2.2** に示す。潤滑油の粘度は温度により著しく変化するので，使用する機械や装置の温度条件を十分把握して適正な潤滑油粘度を選択しなければならない。自動車用潤滑油であるエンジンオイルは，夏用と冬用に分けて特別な呼び方がされる（**図 2.14**）。夏用は高温で使用される運転時の条件

表 2.2　潤滑油の種類と粘度[3)]

粘度グレード	粘度範囲 cSt(40℃)	冷凍機油 1種	冷凍機油 2種	マシン油	軸受油	タービン油	ギヤ油 工業用 1種	ギヤ油 工業用 2種	ギヤ油 自動車油
ISO VG 2	1.98～2.42			○	○				
ISO VG 10	9.00～11.0	○		○	○				SAE 75 W
ISO VG 32	28.8～36.2	○	○	○	○	○			SAE 85 W
ISO VG 68	61.2～74.8	○	○	○	○	○	○	○	SAE 90 W
ISO VG 460	414～506			○	○		○	○	
ISO VG 1500	1 350～1 650			○					

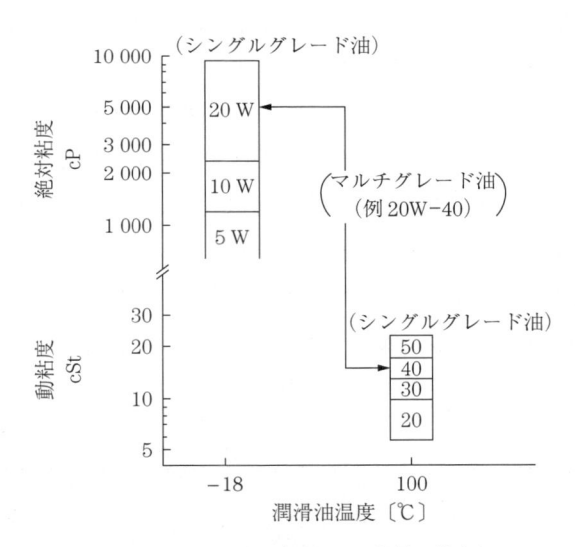

図 2.14　エンジン油の SAE 分類と粘度[3)]

を配慮して，100℃における動粘度を示している．冬用の粘度は寒冷時の始動性を考慮して－18℃における絶対粘度を示している．夏用または冬用だけで表示するオイルを**シングルグレード油**と呼ぶ．夏用と冬用の両方の条件に対応するオイルを**マルチグレード油**という．

　エンジンオイルは使用するエンジン負荷を考慮して選択することが大切である．最近に燃費などのエネルギー損失を下げるため，低粘度化の方向にある．

2.4.4 グリース

潤滑油は液体であるため,軸受やしゅう動面から流れ落ちたり,漏れ出たりする。このため流体軸受では,潤滑油を供給する油ポンプなどの補機を必要とし,また漏れ防止のためのシールが不可欠である。このように流体潤滑軸受は性能は良いが使い勝手が悪いという問題があった。そこで流体潤滑軸受を使いやすく工夫したものが**グリース**である。グリースは,基油である液状の潤滑油に**増ちょう剤**(thickener)を分散させて,半固体または半液体の状態にしたものである。潤滑作用は,基本的に流体潤滑でありながら,軸受回りの構造が簡単になるメリットがある。しかし,高速回転には適さず,冷却作用も不十分である。このように,不利な面もあるが,使いやすいというメリットを生かして,特に転がり軸受の潤滑剤として一般に広く使用されている。

グリースの特徴は増ちょう剤にある。増ちょう剤は三次元網目構造をしており,その網目構造の中に潤滑油が保持されている。増ちょう剤は,カルシウム,ナトリウム,リチウムなどの金属石鹸が使われている。軸受の中でグリースが動くと網目構造が壊れ,中の潤滑油が流動して潤滑作用をする。潤滑油は鉱油または合成油を用いる。潤滑作用は基油である潤滑油に依存するが,同じように極圧剤などの添加剤を加えて性能の向上を図っている。

表2.3 グリースの特性と用途[4]

	鉱油グリース		合成油グリース	
	カルシウムグリース	リチウムグリース	リチウムグリース	リチウムグリース
使用基油	鉱油	鉱油	シリコン油	ジェステル油
一般名称	カップグリース	リチウムグリース	シリコングリース	ジェステルグリース
滴 点〔℃〕	90〜100	170〜205	200 以上	200 以上
基油動粘度 cSt (40℃)	95	99	74	12
常用最高温度〔℃〕	70	100〜150	180	120
特 徴	低 速 中荷重	中速〜高速 中荷重	中 速 中荷重	中 速 中荷重
用 途	一般用	万能形	高温用	極低温用

グリースの使用温度範囲は $-70 \sim 350\,°C$ と幅広く使える。航空機用グリースでは $-54 \sim 177\,°C$ の広い温度範囲に使用可能な規格が設定されている。低温の限界は基油の流動性により制限を受ける。高温限界は基油と増ちょう剤の耐熱性によって制限を受ける。高性能グリースに要求される性能として，長寿命と低騒音がある。また，環境負荷の面から，低公害性や生分解性等も要求されることもある。グリースの特性とその用途を**表 2.3** に示す。

2.4.5 固 体 潤 滑 剤

通常使われる潤滑油またはグリースの問題点は，液体成分が蒸発により $350\,°C$ 以上の高温，固形化により $-70\,°C$ 以下の低温では使えないこと，低速/高荷重下では作用が期待できなくなり，境界潤滑となり，流体潤滑効果が低下すること，さらに $10^{-10}\,Pa$ 以下の真空，あるいは高放射能雰囲気では，分解するため使うことはできない，などがある。これら潤滑油やグリースが使えない場合には，多くの場合，固体潤滑剤が使われてきた。固体潤滑剤とは，固体にもかかわらず潤滑剤として使える物をこのように称している。最近では，これらメリットのほかに，固体潤滑剤はメンテナンスの容易さ，周囲を油で汚染しないこと等の理由も重視され，メカトロニクス機器における使用も増加している。また，環境重視の観点で見た使用後の潤滑剤の廃棄のしやすさも，固体潤滑剤の使用を後押ししている。

固体潤滑剤の役割は，真実接触点でのせん断降伏応力を低減することであり，そのような性質を持つものに，軟質金属，層状はく離性の固体，軟化しやすい合成樹脂，等がある。

[1] **軟質金属固体潤滑剤**

金属潤滑剤として降伏せん断応力の小さい，金，銀，錫，鉛，銅などがよく用いられる。エンジンなどの滑り軸受のライニングには，銅-鉛合金がよく用いられる。

[2] **層状はく離固体潤滑剤**

固体の中で，ある結晶面で層状に容易に滑ることができる，グラファイト，

二硫化モリブデン，二硫化タングステンなどは，固体潤滑剤の代表として広く用いられている。**図 2.15** にグラファイトの結晶構造を示す。六角の網目状の原子が密に存在する底面が，その面内の原子間隔（0.142 nm）より広い間隔（0.335 nm）で層状に積み重なっている。層間の結合は結合力の弱い π 結合であり，層間で容易にはく離する。グラファイトは真空中では潤滑作用を示さず，大気中における潤滑作用の原因については各種の説がある。炭素材料は酸素と 300 °C 程度で結合するため，グラファイトは大気中の高温では使用できない。グラファイトは，天然，合成各種のグレードがあり，摩擦係数もそれぞれ異なっている。同じような特性を示す固体潤滑剤に，窒化ホウ素（BN）がある。BN は白色の粉末であり，今後用途が広がることが期待されている。グラファイトと同様に真空中では摩擦係数が増加するが，900 °C 前後まで使用可能である。

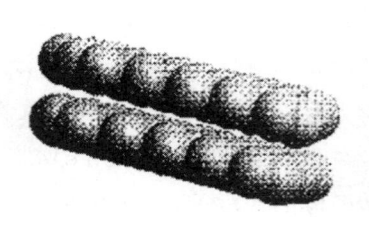

（a）グラファイトの構造（グラフェンシート 2 枚のみを示す） 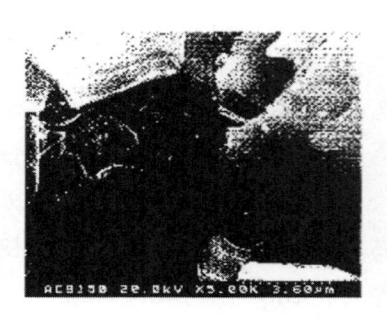　　（b）粉末の走査電子顕微鏡写真

図 2.15　グラファイトの構造と写真

二硫化モリブデン（MoS_2）の原子構造は，モリブデン原子を硫黄原子が両側から挟んだサンドイッチ状の層が積み重なった構造をしている。層内の結合は共有結合であるのに対し，層間の硫黄原子どうしの結合はファンデルワールス結合であるため，層間で容易に滑り，低摩擦を示すと考えられている。このため，二硫化モリブデンは真空中でも低摩擦を示す。同じような構造の固体潤滑剤に二硫化タングステンがある。二硫化モリブデンは天然に産出されるのに

対し，二硫化タングステンは人工的に合成されるため高価であり，摩擦特性は優れるがあまり使われていない。グラファイト，二硫化モリブデンの粒径と摩擦係数の関係を**図2.16**に示す。両者とも粒径が大きいと摩擦係数が小さくなっており，粒径100 μmを超えるグラファイトでは摩擦係数0.05も観察されている。

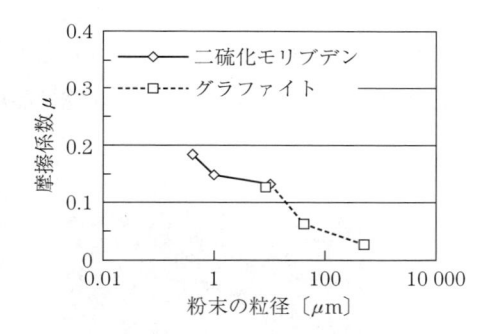

図2.16 グラファイト，二硫化モリブデンの粉末の摩擦特性

フッ化黒鉛も，炭素の共有結合でできた六角構造の各炭素に一つずつフッ素が結合した層が，0.73 nm間隔でファンデルワールス力で結合した構造を持つ。常温では二硫化モリブデンより摩擦が大きいが，使用温度範囲は400 ℃程度までと広い。

［3］ 樹脂固体潤滑剤

PTFE（polytetrafluoroethylene）は樹脂系固体潤滑剤の代表である。PTFEはその名のとおり，4フッ化エチレンを重合させたもので，分岐のない線対称の線状高分子である。分子量は $3 \times 10^6 \sim 10^7$ といわれる。PTFE樹脂はこの線状分子が折りたたまれて重なった結晶部分とその間の非晶質部分が重なった構造をしている。非晶質部分は変形しやすく，これがPTFEの低摩擦の理由とされている。また，このためPTFEは非常に摩耗しやすい。そして，摩耗粒子が相手面へ移着することでさらに低摩擦となっている。PTFEの融点 T_m，ガラス転移点 T_b は，それぞれ $T_m = 327$ ℃，$T_b = 126$ ℃であり，使用温度範囲は−60 ℃〜260 ℃程度である。また，使用中の温度上昇の制約から，限界PV値は 6×10^4 N/msと報告されている。

[4] その他の固体潤滑剤

以上のような代表的な固体潤滑剤以外に，平均粒径数 10 nm の SiO_2 微粒子，白色でへき開性のメラミンシアヌレート，C 60，CNT 等のカーボン超微粒子材料も固体潤滑剤としての可能性が研究されている。カーボンナノチューブ粉末のチューブ直径と摩擦係数の関係は，グラファイトと同様にチューブ直径が大きいと摩擦係数が低下し，直径 150 nm では摩擦係数は 0.1 程度となっている。CNT の長さは数 μm 程度であるのでグラファイトよりはるかに小さい寸法で同程度の摩擦係数を示すことになる。今後，寸法の小さい精密部品に

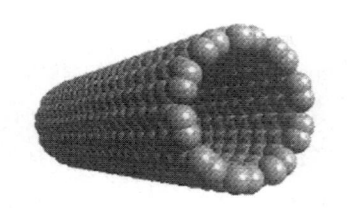

(a) CNT（単層）の構造　　(b) CNT（多層）粉末の走査電子顕微鏡写真

図 2.17　カーボンナノチューブの構造と写真

表 2.4　各種炭素系粉末固体潤滑剤などの摩擦係数

材料（寸法）	摩擦点形状	方向	摩擦係数	研究機関
MWCNT	チューブ末端	垂直成長	1.50	神戸大
MWCNT	チューブ末端	垂直塗布	0.80	フロリダ大
C 60	球	塗布	0.45	産総研
CS-CNT（ϕ 20 nm）	チューブ側面	散布	0.30	信州大
Kotjerblack	球状	散布	0.30	信州大
MWCNT（ϕ 80 nm）	チューブ側面	散布	0.24	信州大
MoS 2（10 um）	板状	散布	0.13	信州大
MWCNT（ϕ 150 nm）	チューブ側面	散布	0.12	信州大
MWCNT	チューブ側面	平行塗布	0.10	フロリダ大
Graphite（8 um）	板状	散布	0.10	信州大
Graphite（40 um）	板状	散布	0.06	信州大
Graphite（500 um）	板状	散布	0.03	信州大

複合材料として使用されるものと期待される。カーボンナノチューブの構造を図 2.17 に示す。

以上の固体潤滑剤は，単体で用いられるばかりでなく，潤滑油，グリースにも混合して，あるいはその他の固体との複合材料として使用される。各種炭素系粉末固体潤滑剤の摩擦形態と摩擦係数について表 2.4 に示す。

2.5 まとめ

2章では，トライボロジーの基本の一つとして潤滑について学んだ。
（1） 潤滑の役割は相対運動する表面の摩耗を防止し，摩擦を減らし，無駄なエネルギー消費を減らすことである。
（2） トライボロジー設計者はシステム全体を見渡し，それにふさわしいトライボシステムの構築が望まれる。
（3） 液体潤滑剤が十分にある場合，装置動作条件が適当であると摩擦係数は非常に小さくなる（流体潤滑）。この潤滑状態は表面粗さの違いにより変化する（境界潤滑，混合潤滑）。これら摩擦係数の違いはストライベック線図により説明される。
（4） 境界潤滑の概念はバウデン・テイバーにより提案された。
（5） 潤滑剤には，液体，気体，および，せん断強度の小さい固体が用いられる。
（6） 潤滑油による潤滑では，境界潤滑作用による表面の焼付き防止効果がある。さらにその効果を増すために添加剤を加える場合がある。
（7） 潤滑油が使えない環境では，固体潤滑剤やグリースが使用される。
（8） 摩擦を減らし焼付きを防止するには，潤滑剤を機能的に種々組み合わせる表面設計が重要になる。
（9） 平滑な二面間のすきまが極度に小さくなると，ストライベック曲線から外れる摩擦現象が観察される。このような分野を研究するマイクロトライボロジーという新しい学問分野が開拓されつつある。

3 流体潤滑

　機械の設計者にとって，軸受や動く部分の焼付き事故は，最も恐れるものである。タービンの焼付き事故や磁気ディスク装置のクラッシュ事故を経験している著者らは，焼付きと聞くと心臓が止まる思いがする。タービンの軸受や磁気ディスク装置のスライダのコストは，装置全体から見れば10％以下，場合によっては1％以下に満たないかもしれない。しかし，不幸にも事故が発生すると，莫大（ばくだい）な損害となり，時には人身事故になり得る。それ故に軸受の設計はどうしても保守的にならざるを得ない。新しいアイデアを積極的に採用することなく，他所の実績を参考にして似たり寄ったりのものを設計するということになりがちである。自信を持って新しい軸受を設計するには十分な知識が必要である。本章で，設計に必要な流体潤滑の基礎知識について述べる。

3.1　軸受の役割とその基本原理

　軸受の役割は，三つある。①荷重を支える（**図3.1**（a）），②位置を正確に決める（図（b）），③振動を抑える（図（c）），である。このような役割の作用効果を理論的に明らかにしたのが流体潤滑理論である。その基本原理は，粘性を持つ流体（潤滑油）で満たされた物体が相対運動をするときに生じる流体力学的圧力が源である。例えば，**図3.2**に示すように物体A（スライダ）が動いている物体Bに対して傾いて相対運動をするとき，物体AとBはその間に流体力学的圧力が発生し，その間を一定のすきまを保って浮上する。

3.1 軸受の役割とその基本原理

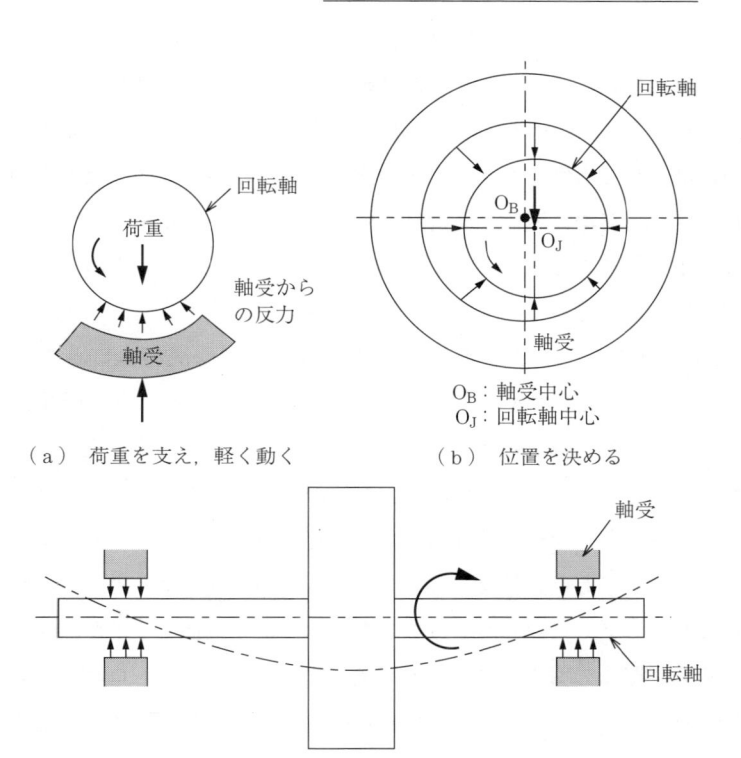

(a) 荷重を支え，軽く動く

(b) 位置を決める

O_B：軸受中心
O_J：回転軸中心

(c) 振動を抑える

図 3.1 軸受の役割

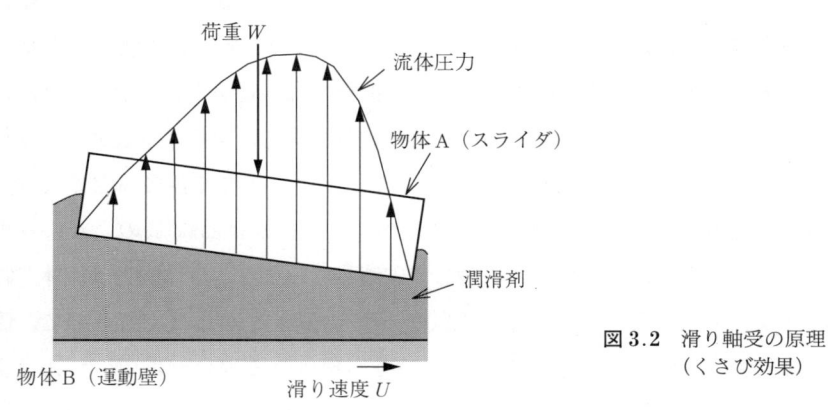

図 3.2 滑り軸受の原理（くさび効果）

この圧力をスライダの全面について積分したものが荷重 W とつりあっている。これが後で詳しく述べる**くさび効果**（wedge effect）である。

第一の役割①は，荷重を支え，摩擦が小さく軽く動くことである。これは本来の役割として当然であるが，その潤滑理論がわからなかった太古の昔から使われてきた。実際に流体潤滑滑り軸受は図3.2で示したような簡単な構造で大きな荷重を支えることができ，小は腕時計の軸受から大は原子力発電所のタービンに至るまで多くのところで使用されている。

第二の役割②は，フラフラしないで正確に位置を決めることである。図3.2において，一定のすきまを保持することである。すなわち軸受剛性をもっていることである。軸受剛性はばね剛さと同じであり，軸受で支えている物体の重さに他の力が加わったとき，その物体がどれぐらい動くかということである。重力以外の余分な外力が加わっても，その力をはね返して簡単にその位置を変えないことである。軸受で支えているものがフラフラと動くと，例えば蒸気タービンではタービン翼がケーシングにぶつかり破損するとか，シールから高圧の蒸気が漏れて噴き出すなどの問題が出てくる。メカトロニクス製品であるHDDのスライダや磁気テープ装置の磁気ヘッド上のテープは，流体の力を最大限に利用してナノメータオーダの位置決めを正確に行っている例である。

第三の役割③は，滑り軸受は荷重を受けるだけでなく，振動も抑制することができることである（減衰作用）。長い回転体を高速域で回すには，回転体の**危険速度**（critical speed，共振点）を超える場合もある。危険速度とは回転する機械の振動の共振点である。この共振点では振動が大きくなり，それにつれて大きな音が生じる場合もある。滑り軸受で支えた回転体の振動は，回転体のバランス取りを行うと**図3.3**の曲線Aに示すように許容振幅内で共振点を安全に通り過ぎることができる。減衰がないと振幅は曲線Bのように共振点で無限大になり，軸は軸受と接触して破壊してしまう。流体軸受は流体で物体を支えている（役割①）が，役割②と③の働きをあわせて行うので，**図3.4**に示すように，等価的にばね-マス系で表現される場合がある。マスは支持される物体の質量である。ばね定数と減衰定数は軸受特性として計算でき，

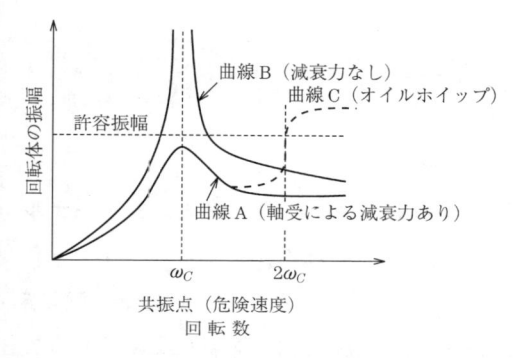

図 3.3　滑り軸受で支える回転体の振動　　　図 3.4　軸受の等価的表示法

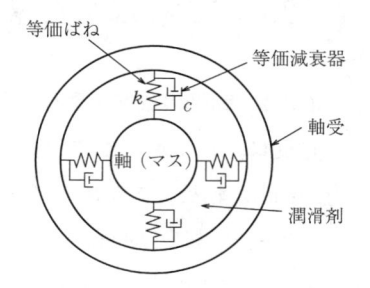

実験的にも測定できる。軸受のばね係数および減衰係数は一般に非線形特性を示す複雑な値を示す。後述の真円ジャーナル軸受では軸に力が加わると軸の移動方向に反力が生じると同時に，軸の移動方向と直角方向にも力の成分が生じる，いわゆる連成項があるので，軸受を動的に扱うときはさらに複雑な挙動を示すことになる。特に高速回転時には図 3.3 の曲線 C で示す**オイルホイップ**という自励振動が生じる場合もある。そのような振動を抑えるために種々の軸受方式が工夫されている。また，気体軸受のように潤滑剤に圧縮性があると，圧縮性による振動の位相遅れが自励振動を誘起する恐れがある。

　このほか，流体潤滑の副次的役割として，潤滑油がしゅう動面に流れるため，しゅう動面の冷却や異物の混入防止，腐食の防止などの効果がある。

　このように流体軸受は多くの効果的な特長を持ち，いろいろの役目を安価で簡単な装置で果たしている。一方，潤滑剤である流体の持つ複雑な性質によって，図 3.3 の曲線 C のオイルホイップのような利用に不都合な性質もあわせ持っているため，流体潤滑軸受で支えられた回転体の挙動が不安定となることもある。流体軸受の性質・特徴を十分理解して，それを使いこなすことが大切となる。

3.2 流体軸受の種類

3.2.1 軸受の機能・動作原理による分類

軸受は，軸受が支える荷重と運動方向の関係から分類すると，**ジャーナル**（journal）**軸受**と**スラスト**（thrust）**軸受**に大別される。

ジャーナルとは回転体の円筒部を指していう。ジャーナル軸受は**図3.5**（a）に示すように，回転体を支える軸受で，横方向の荷重を支えるものである。横置きの機械では，重力による自重と回転による遠心力を支える。遠心力は回転体の不つりあいおもりによって生じるもので，許容振動振幅に抑えるために不つりあい修正を行わねばならない。

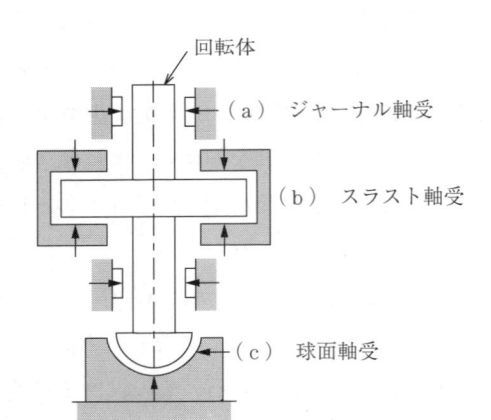

図3.5 荷重方向による軸受の分類（→矢印は軸受反力の方向を示す）

スラスト軸受は軸方向の荷重（スラスト荷重）を支える軸受（図（b））である。立て形機械では，重力による自重をスラスト軸受で支える。タービンや水車のように羽根車の背面に圧力が加わると，これらは軸方向のスラスト力となる。流体力によるスラスト力はその見積もりが難しく，スラスト軸受の設計には十分注意が必要である。ジャーナル軸受とスラスト軸受の両方の作用を一つの軸受で受けるものに，**球面軸受**（図（c））や**円錐軸受**という特殊なものがある。時計の宝石軸受である**ピボット軸受**はその一つである。

3.2 流体軸受の種類

流体軸受の動作原理から分類すると，図3.6（a）に示す**動圧軸受**（hydrodynamic bearing, self-acting bearing），または滑り軸受（sliding bearing）と呼ばれるものと，図（b）に示す**静圧軸受**（hydrostatic bearing），および図（c）に示す**スクイーズ膜軸受**（squeeze film bearing）に分類される。

（a） 動圧軸受または滑り軸受

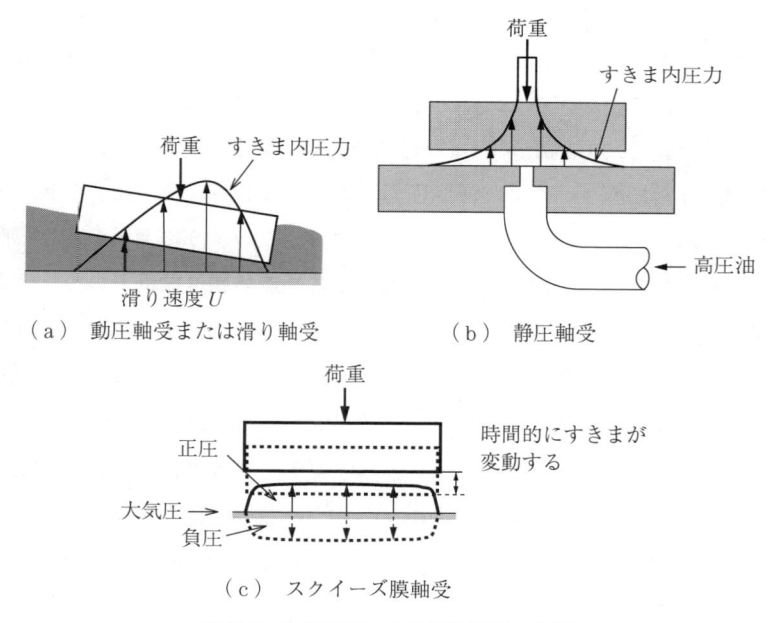

（b） 静圧軸受

（c） スクイーズ膜軸受

図3.6　動作原理による流体軸受の分類

動圧軸受は軸の回転または平板の動きによる，図3.2で述べたくさび効果と呼ばれる流体力学的原理によって圧力が発生するものである。"self-acting"とはまさしくその動作を示しているネーミングである。軸またはスライダが動くことにより，自ら圧力を発生させ，自重や外力を支えるものである。

一方，静圧軸受は，荷重を支える軸受膜圧力を外部のポンプや圧縮機で作り，軸受内に供給するものである。

スクイーズ軸受は原理的に動圧軸受に近いものである。軸受すきまが時間的に変化するときに生じるスクイーズ膜圧力によって荷重を支えるものである。

潤滑油が非圧縮流体である非圧縮流体軸受ではスクイーズ膜作用で発生した圧力は，時間平均するとゼロとなり，荷重を支えることができないが，振動を減衰させる効果がある（軸受の役割③）。スクイーズ膜軸受として荷重を支えることができる（軸受の役割①）のは，空気など，圧縮性流体を用いる気体軸受だけが可能である。

玉軸受およびころ軸受は**転がり軸受**といわれている。この球またはころは転動体の上を転がりながら荷重を支えるものである。このとき，球と転動体の間に非常に薄い油の膜が存在し，球と転動体が直接金属接触しないようにしている。この潤滑膜は，$0.1\,\mu m$ 以下の非常に薄い流体潤滑膜であるが，接触点の接触面積が非常に小さいため，接触圧力が大変高くなる。そのため金属である球が弾性変形し，油膜のすきま形状が変化する。このように金属の球と転動体が弾性変形をしながら潤滑作用をするものを**弾性流体潤滑軸受**という。球の変形を誇張したモデルを図 3.7 に示す。球が変形すると軸受すきまは平らな部分と出口側の大きく変形したすきまになる。このくびれた出口部分が動圧軸受のくさび作用をする。形状は玉軸受と大きく異なるが，後述の 4.3.2 項で述べる磁気テープ装置の磁気ヘッド上を走行する磁気テープは弾性流体潤滑軸受の一種である。ヘッドとテープの間に発生する潤滑空気膜の圧力により，たわみやすいテープが弾性変形してヘッド上を空気浮上して走行するものである。

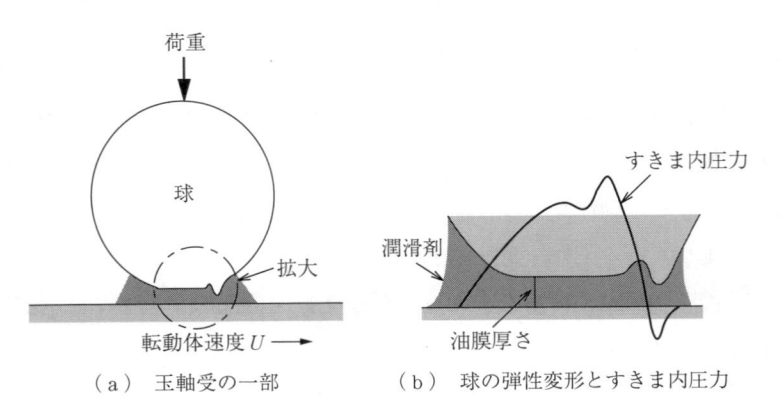

図 3.7 弾性流体潤滑軸受の模式図
（a）玉軸受の一部　　（b）球の弾性変形とすきま内圧力

3.2.2 ジャーナル軸受の形状

ジャーナル軸受は**図 3.8** に示すように，種々の形状のものがある。そのなかで最も多く用いられているものは図（a）真円軸受（plain bearing）である。丸い穴（軸受）にその穴の直径よりわずかに小さい直径の軸をはめ，その小さいすきまに潤滑剤を供給するものである。"plain" と名付けられるように最も単純であり，製作も簡単，安価に製造できる。現在も軸受の主流である。真円軸受は大きな荷重を支えることができるというメリットがある。しかし，危険速度のおよそ 2 倍の回転数でオイルホイップ（oil whip）と呼ばれる自励振動（図 3.3 の曲線 C）が発生し，高速回転が難しい。そこで，機器の高速化に伴なって高速回転を可能とするいろいろな軸受が発明された。

多円弧軸受（multi lobe bearing）（図（b），（c）），ティルティングパッド軸受（tilting pad bearing）（図（d）），浮動ブッシュ軸受（floating bush bearing）（図（e）），ヘリングボーン溝軸受（herring bone bearing）（図（f））などは高速回転用軸受である。多円弧軸受は軸受荷重が比較的大きく，さらに高速化が必要なとき，危険速度の 1.2～1.5 倍程度の回転数まで使用される。ティルティングパッド軸受は原理的に高速まで安定であるが，実際は危険速度の 2～3 倍が限度である。この軸受は，軸受負荷荷重が小さい空気圧縮機などの超高速ターボ機械に用いられる。浮動ブッシュ軸受は自動車のターボチャージャの軸受に用いられ，超高速回転（10～20 万 rpm）が可能である。ヘリングボーン溝軸受は軸受負荷能力が大きく，また高速安定性が高い。しかし，溝加工など，複雑な工作が必要となる。精密な位置決め（軸受の役割 ②）や振動抑制（軸受の役割 ③）が重視されるときに多く用いられている。HDD 用の流体軸受にもこの形が多く用いられている。いずれも高速時の不安定振動に対して，厳密に安定判別を行い，十分に安全性を確かめることが必要である。高速では，不安定振動のみならず，軸受の発熱や軸の遠心膨張により軸受すきまが大きく変化するので，すきま減少による焼付き事故に注意が必要である。

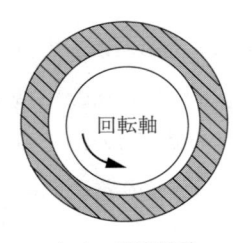

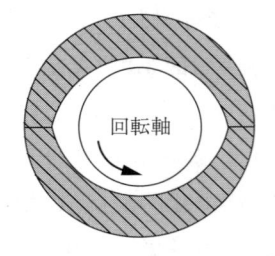

(a) 真円軸受
(b) 多円弧軸受（二円弧軸受）
(c) 多円弧軸受（三円弧軸受）
(d) ティルティングパッド軸受（ピボット、ティルティングパッド）
(e) 浮動ブッシュ軸受（真円軸受、浮動ブッシュ）
(f) ヘリングボーン溝軸受

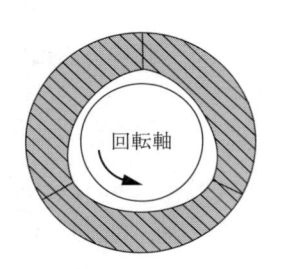

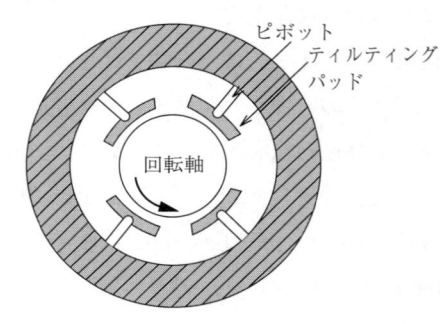

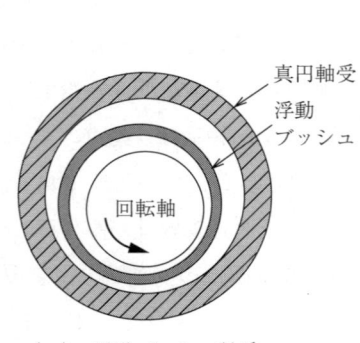

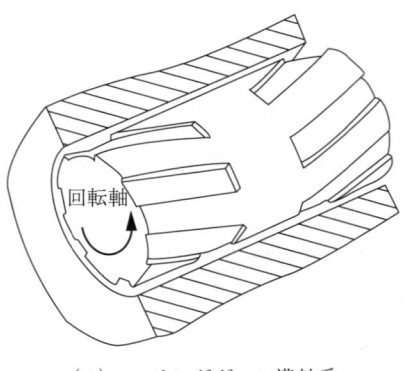

図 3.8　種々のジャーナル軸受

3.2.3　スラスト軸受の形状

　真円軸受に代表されるジャーナル軸受は，昔から穴に軸を入れ，そこに油脂を加えると軽く動き，荷重を支えることができることを経験的に知って使ってきた。しかし，スラスト軸受は，流体潤滑理論によるくさび作用（wedge action）が理解されてから，理論的に考案されたものである．潤滑膜の形状がくさびのように進行方向にだんだんすきまが狭くなっていくと，油膜圧力が発生するというのがくさび作用である．この理論どおりに円板上に傾斜面を**図3.9（a）**のようにいくつか並べて，その対抗面（スラストカラー）を回転させると，油膜圧力が発生する．図（b）のようにピボットでこの軸受板が自由に傾くように工夫したものをジャーナル軸受の場合と同じくティルティングパッド軸受という．または発明者の名をとって，ミッチェル軸受またはキングスベリー軸受と呼ばれる．**ステップ軸受**（図（c））も形状は異なるが，くさ

（a） 傾斜平面軸受　　　　　（b） ティルティングパッド軸受

（c） ステップ軸受　　　　　（d） スパイラル溝軸受

（e） スパイラル溝スラスト軸受(インフロー型)　（f） スパイラル溝スラスト軸受(アウトフロー型)　（g） スパイラル溝スラスト軸受(ヘリングボーン型)

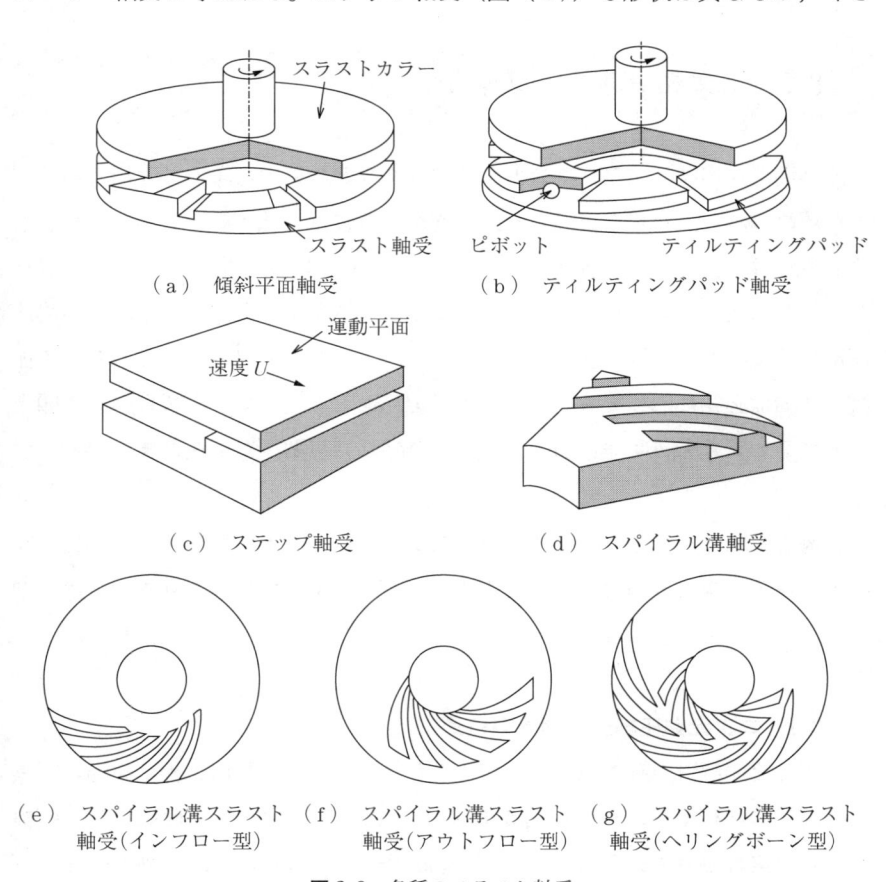

図3.9　各種のスラスト軸受

び作用を利用したものである。スパイラル溝軸受（図（d））は，軸受平板にらせん（spiral）状の浅い溝を設けたものであり，原理的にはステップ軸受の一種である。この軸受は負荷容量が大きいという特長を持つ。平板状のスラスト軸受やスラストカラーは高速での熱変形に十分注意が必要である。

スラスト軸受は油潤滑の場合には，動作中に不安定な挙動を示すことは原理的にない。しかし，空気などを潤滑剤とする気体軸受では，潤滑剤である気体が圧縮性を有するので，気体の圧縮性に起因する不安定振動（ニューマチックハンマー）を生じる恐れがある。

3.3 流体潤滑理論の基礎

流体潤滑作用は，タワーやストライベックなどの努力によって有用であることが認められた。それを実際の設計に適用するには実験データのみならず，理論的裏付けと，さらなる発展のための方向性を指し示すなにかが必要となった。これに応えたのがレイノルズによる**流体潤滑理論**である。また，その流体潤滑理論を実際の設計に使えるようにしたのがゾンマーフェルトである。流体潤滑理論は必要に応じて改良され，工業製品などの実際のニーズに応えて開発されてきた。本節から3.8節まで，その発展の経過に従って述べることにする。

潤滑方程式は，流体力学の基礎方程式から初めて導出したレイノルズにちなんで，**レイノルズ方程式**と呼ばれることがある。本節では最も基本的な滑り軸受の理論について述べる。

3.3.1 二次元非圧縮流体潤滑方程式

ここで流体潤滑の基本原理を理解するため，二次元の潤滑方程式を導いてみよう。この解析では，軸受を**図 3.10** のようにモデル化する。軸受は無限の幅をもち（**無限幅軸受近似**という），潤滑油は一方向のみに流れ，軸受端部からの横漏れはないとする。無限幅軸受近似は，実際の軸受と違うため，そのまま

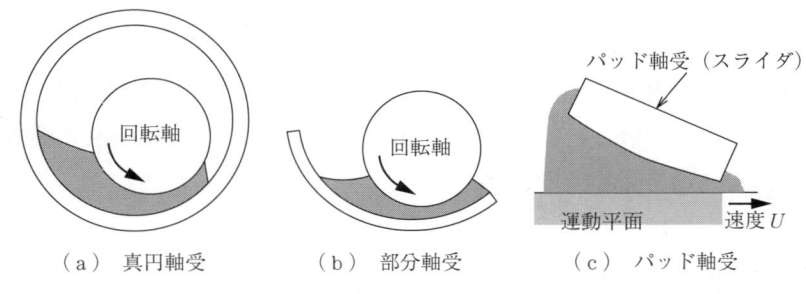

図 3.10 軸受モデル

では軸受の設計には使えない。しかし，計算が簡単で，軸受特性を考察する上で，定性的な判断をする場合に有効なことが多い。新規な軸受を考案する上で，軸受の基本特性を理解することは大切である。

回転軸と軸受の相対的形状は図（a）から図（b），（c）へと展開すると，図 3.2 に示したように，平板とスライダの動きにモデル化できる。スライダは，一定速度で動く平板上を潤滑膜を介して浮上しているものとする。

[1] 二次元流体潤滑軸受の理論式を導くための仮定

理論式はつぎの仮定を立てることにより導き出される。これらの仮定は，実験的にいろいろ検証されており，通常の油滑り軸受の場合に適用できると考えられている。なお，一般論ではあるが，計算の仮定とは，物理現象を合理的に説明するため，物理現象のうちの 特徴的，重要な事項を取捨選択することであり，仮定については厳密な考証をすべきであることは論を待たない。

〔仮定〕
① すきま内の流れは層流である。
② 流体に働く力と慣性力は粘性力に比べて小さいものとする。
③ 流体は非圧縮流体とする。
④ 流体は粘性力が物体の速度に比例するニュートン流体であり，その粘度は一定である。
⑤ すきまは軸受長さに比して十分小さい。よって，すきまの厚さ方向の圧力変化はないものとする。このことはすきまの厚さ方向の流れもないこ

とを意味する。

⑥ 固体表面と流体との間で滑りはない。

さらに計算の簡単のために,実際にはあり得ないが幅方向に無限に広いスライダを考え,無限幅軸受とし流体は定常的に一方向のみに流れ,軸受の幅方向に流れないものとする。すなわち

⑦ 二次元問題とする。

⑧ 流れは定常流れとする。

流れが時間とともに変わる場合には,非定常流れ(仮定⑧′)となる。

[2] 力のつりあいと軸受内の流速分布

流体軸受モデル(図 3.10)に示す軸受内の流体の微小要素(横 dx,縦 dz)は**図 3.11** のようになり,これに働く圧力のつりあいと,微小要素の上面と下面の粘性によって生じるせん断作用による力のつりあいを考える。

$$p\,dz - \left(p + \frac{dp}{dx}dx\right)dz - \tau dx + \left(\tau + \frac{d\tau}{dz}dz\right)dx = 0$$

$$\therefore\quad \frac{dp}{dx} = \frac{d\tau}{dz} \tag{3.1}$$

ニュートン流体の粘性の式(仮定 ④)は

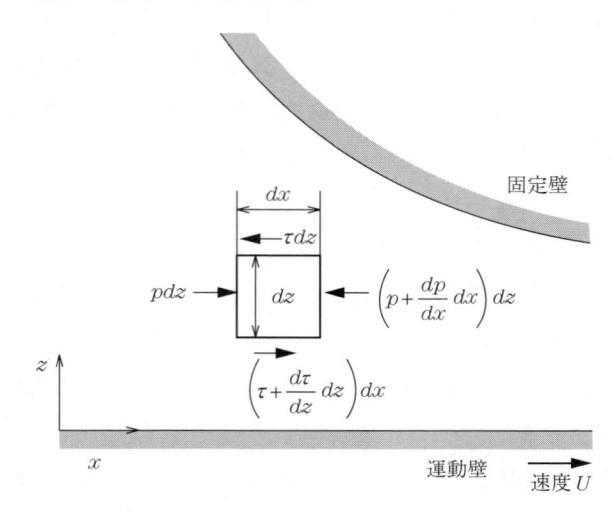

図 3.11 軸受内流体微小要素の力のつりあい

3.3 流体潤滑理論の基礎

$$\tau = \eta \frac{du}{dz} \tag{3.2}$$

であるから，式 (3.2) を式 (3.1) に代入すると

$$\frac{dp}{dx} = \eta \frac{d^2u}{dz^2}$$

となる。この式を z について 2 回積分すると

$$u = \frac{1}{2\eta} \frac{dp}{dx} z^2 + C_1 z + C_2$$

となる。C_1，C_2 は積分定数である。この積分定数は，壁面 $z=0$ で $u=U$，$z=h$ で $u=0$ という境界条件から求められる。すなわち，流速 u はつぎのようになる。

$$u = \frac{U(h-z)}{h} - \frac{z(h-z)}{2\eta} \frac{dp}{dx} \tag{3.3}$$

この式は，流体潤滑膜の任意の位置 x における流体膜厚方向の位置 z での流速 u を表している。式の右辺の第 1 項は，図 3.12（a）に示すように直線

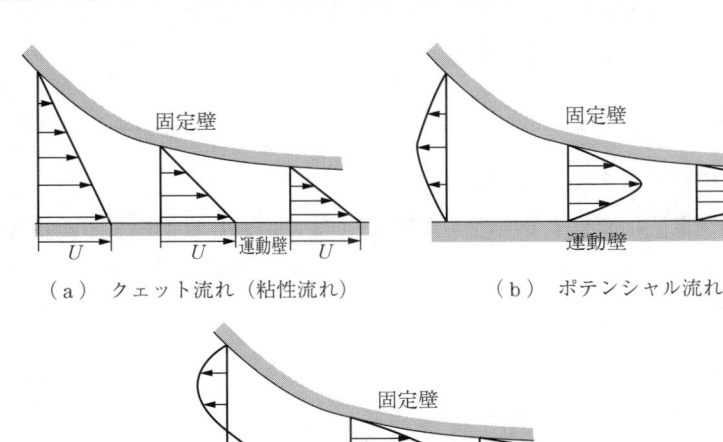

（a） クェット流れ（粘性流れ）　　　　（b） ポテンシャル流れ

（c） 実際の速度分布（クェット流れ＋
　　　ポテンシャル流れとの合成流れ）

図 3.12 軸受すきま内の速度分布

状の流速分布を示す。これは壁面の相対運動に起因する純せん断流れであり，**クェット流れ**（Couette flow）と呼ぶ。第2項は図（b）のように放物線状の速度分布を示す。これを圧力差によって生じる流れにちなんで**ポテンシャル流れ**（potential flow）と呼ぶ。滑り軸受では実際の流れは両方が一緒になって流れ，図（c）のような流速分布となる。

[3] 流量連続の法則と二次元潤滑方程式

つぎに図3.11の微小要素内に流入する流量を求めてみよう。

仮定⑤より流体膜内の膜方向（z方向）の流れはないため

$$q_z = 0$$

よって二つの壁で囲まれた空間の流量は

$$q = q_x = \int dq_x = \int_0^h u\,dz$$

$$= \frac{Uh}{2} - \frac{h^3}{12\eta}\frac{dp}{dx} \tag{3.4}$$

となる。これに質量保存則（連続の式）を適用すると $dq/dx = 0$ であるから，上式を一度微分した形に式を変形すると

$$\frac{d}{dx}\left(h^3 \frac{dp}{dx}\right) = 6\eta\,U\frac{dh}{dx} \tag{3.5}$$

となる。この式が二次元潤滑方程式である。

すきまが時間的に変化する場合（仮定⑧′非定常流れ）は流入する質量とすきま内にとどまる質量の和が一定となる質量保存則（連続の式）が成り立ち，それはつぎのようになる。

$$\frac{dq_x}{dx} + \frac{dh}{dt} = 0 \tag{3.6}$$

故に非定常潤滑方程式は式（3.5）を導いたと同様にして

$$\frac{d}{dx}\left(h^3 \frac{dp}{dx}\right) = 6\eta\,U\frac{dh}{dx} + 12\,\eta\,\frac{dh}{dt} \tag{3.7}$$

となる。

3.3.2 潤滑膜による圧力の発生機構

潤滑方程式 (3.5) によって，軸受内に圧力 p が発生する理由を考えてみよう。軸受の狭いすきまに流体を押し込む力は，一方の板の動きによって生じる流体の摩擦力によるものである。スライダに荷重 w が加わっている場合，荷重 w は圧力 p の積分値と等しくなる。荷重につりあうには，スライダ軸受面に正の圧力が生じる必要がある。すなわち軸受作用として荷重を支える（軸受の役割①）には，圧力分布が凸であることが必要条件である。この条件は式 (3.5) の左辺が

$$\frac{d}{dx}\left(h^3 \frac{dp}{dx}\right) < 0$$

で与えられる。この条件を満たすには式 (3.5) の右辺は同じく負の値を持つことである。すなわち，$6\eta U(dh/dx) < 0$ である。η, U は正であるから，$(dh/dx) < 0$ でなければならない。言い換えれば位置 x が進むにつれてすきま h が小さくならねばならない。この効果による圧力の発生理由は，前に述べたようにくさび効果またはくさび膜作用という。滑り軸受では流体の粘性によって一方の板が動くにつれて狭いすきまに流体を引きずり押し込む流れが生じるため，すきまが小さくなると軸受内の圧力が増大する。圧力が大きくなることは反発力が大きくなることと同じであり，軸受のばね作用といわれている（軸受の役割②）。

先に行くにつれてすきまが小さくなる例として，**図 3.13** に（a）傾斜平面軸受，（b）ステップ軸受，（c）真円軸受を示す。同じく図に発生する圧力の概略分布を示す。位置 x が進むにつれてすきまが大きくなるという逆の場合には（図（d）），負圧が生じる。後述の負圧スライダはこれを利用している。

つぎに圧力が発生する別のメカニズムについて考えてみよう。定常流という仮定⑧をはずして，非定常流れを考えると前述のように非定常二次元潤滑方程式は式 (3.7) で表され，ここでくさび効果を無視して純粋に非定常状態の流れを考察するために滑り速度 $U = 0$ の場合を考える。式 (3.7) はつぎのよ

(a) 傾斜平面軸受
(b) ステップ軸受
(c) 真円軸受
(d) 逆傾斜平面（負圧スライダ）軸受

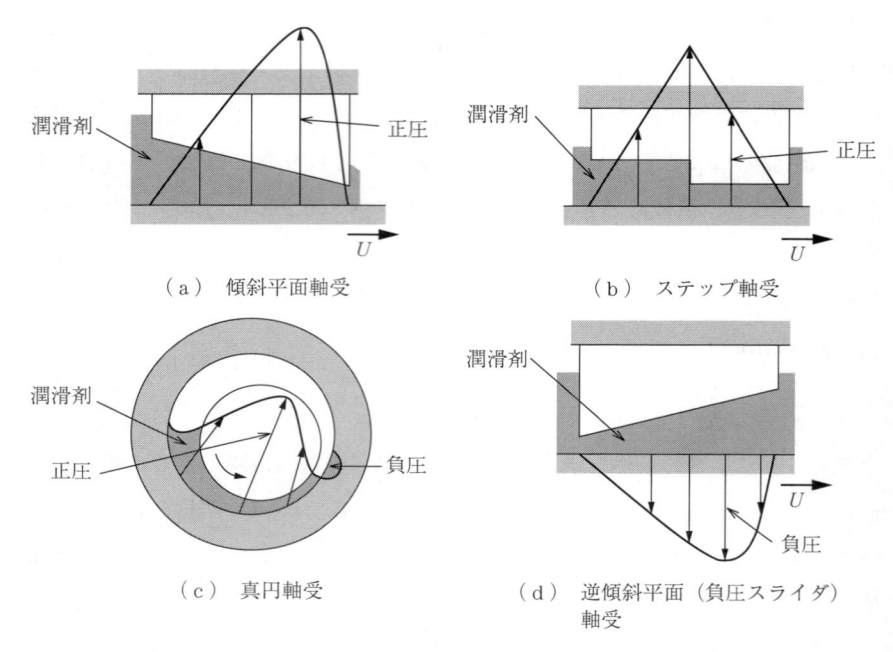

図 3.13 くさび効果を利用する軸受形状

うになる。

$$\frac{d}{dx}\left(h^3\frac{dp}{dx}\right)= 12\eta\frac{dh}{dt} \tag{3.8}$$

先のくさび膜作用の場合に考えたと同じように，軸受内に圧力が発生する機構を考えることにする。正の圧力が生じるには $12\eta(dh/dt)<0$ とならなければならない。すなわち，時間の進行とともにすきまが小さくなると正の圧力が発生することを示している。逆にすきまが時間の進行とともに大きくなる場合は負の圧力が発生する。このような作用を**スクイーズ膜（絞り膜）**作用（squeeze film effect）という。スクイーズとは二つの平面間の流体を押し出すという意味である。

図 3.14 に示すように，軸受スライダが下方に下がると，狭い軸受内の流体が軸受外に押し出される。このとき，流体は粘性をもっているため，狭いすきまから押し出されることに抵抗する。これが圧力発生の原因である。dh/dt は

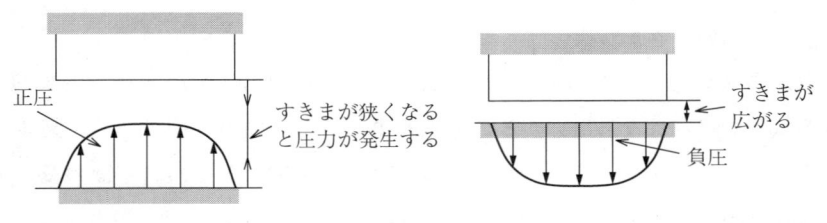

図 3.14 スクイーズ膜作用の原理模式図

(a) すきまが時間的に狭くなる状態　　(b) すきまが時間的に広がる状態

z方向への微小すきまの時間変化であり，速度を表している。非定常潤滑方程式 (3.7) の右辺の第 2 項は，動きに抵抗する減衰力を表すものといえる。軸受油膜で支えられた物体が上下に振動すると，その振動を抑える減衰作用を示すものである。これは，軸受のもう一つの効用である減衰作用（図 3.1 (c)，軸受の役割③）である。繰り返しになるが，一般に滑り軸受は荷重を支える（役割①）と同時に，ばね作用（役割②）と減衰作用（役割③）の三つの機能をあわせ持っている。

3.4 潤滑方程式の厳密解の例

潤滑方程式 (3.5) は常微分方程式であるため，軸受のすきま分布 $h(x)$ を与えると，比較的容易に油膜圧力の理論解が求まる。

以下に傾斜平面軸受，ステップ軸受，ジャーナル軸受，スクイーズ膜軸受の場合についてそれぞれ軸受内に発生する油膜圧力を求めてみよう[1]。なお，後述 3.5 節で述べるように，潤滑方程式はナビエ・ストークス（Navier-Stokes）の運動方程式からも導出することができる。すなわち，この節で述べる潤滑方程式の厳密解とは，ナビエ・ストークスの運動方程式の厳密解ということになる。ナビエ・ストークスの厳密解は，いままでに数例解かれているだけである。その意味で潤滑理論解は流体力学におけるまれな例といえる。

3.4.1 傾斜平面軸受

[1] 軸受すきま形状

軸受作用を生じるには前述のように,すきま形状が $dh/dx<0$ となる幾何学的形状でなければならない。その最も簡単なものが傾斜平面である。**図 3.15** のように流入側のすきま h_1 が広く,流出側 h_0 が狭くなる**傾斜平面軸受**(inclined plane bearing, tapered pad bearing)を考えると,軸受膜厚さ h はつぎのようになる。

$$h = h_1 - (h_1 - h_0)\frac{x}{B} = h_0\left\{\frac{h_1}{h_0} + \left(1 - \frac{h_1}{h_0}\right)\frac{x}{B}\right\} \tag{3.9}$$

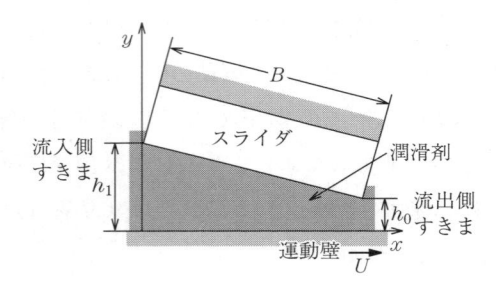

図 3.15 傾斜平面軸受

座標の原点はスライダの入り口にとっている。軸受長さは B である。ここで

$$K = \frac{h_1 - h_0}{h_0}$$

とおくと

$$\frac{h_1}{h_0} = 1 + K$$

となる。すると式 (3.9) は

$$\frac{h}{h_0} = \left(1 + K - K\frac{x}{B}\right)$$

となる。

[2] 圧力分布の計算

軸受幅 L を無限幅とすると,幅方向の圧力変化がなくなる。潤滑方程式

3.4 潤滑方程式の厳密解の例

(3.5) を一度積分し，積分定数を h_M とすると

$$\frac{dp}{dx} = 6U\eta\frac{h - h_M}{h^3}$$

となる。上式に x の関数であるすきま h を代入する。ここで，さらに $A = h_M/h_0$, $X = x/B$ と置きかえ，さらに $P = p/(6U\eta B/h_0^2)$ とおくと

$$dP = \frac{dX}{(1 + K - KX)^2} - \frac{dX}{(1 + K - KX)^3}$$

この式が傾斜平面軸受に適用した無次元化した潤滑方程式である。

この式の右辺は X のみの関数であるから，容易に積分できて傾斜平面上の圧力が求まる。

$$P = \frac{1}{K(1 + K - KX)} - \frac{A}{2K(1 + K - KX)^2} + C \tag{3.10}$$

ここに A と C は積分定数である。傾斜平面の流入端 ($x = 0$) と流出端 ($x = B$) では圧力は雰囲気圧力と同じとなる境界条件を適用する。

$p = 0 : x = 0$ および $x = B$

無次元量の場合

$P = 0 : X = 0$ および $X = 1$

この条件を式 (3.10) に適用すると

$$A = \frac{2(1 + K)}{2 + K} \text{ および } C = \frac{-1}{K(2 + K)}$$

となる。

圧力分布はこれら A, C を再び式 (3.10) に代入すると

$$P = \frac{KX(1 - X)}{(2 + K)(1 + K - KX)^2}$$

となる。

最大圧力 $P_{\max}$ は $dp/dx = 0$ で生じるから，$h = h_M$ のとき，最大圧力を得る。

$$P_{\max} = \frac{K}{4(1 + K)(2 + K)}$$

すきま比を変えたときの傾斜平面軸受内の圧力分布の計算例を**図3.16**に示

70   3. 流 体 潤 滑

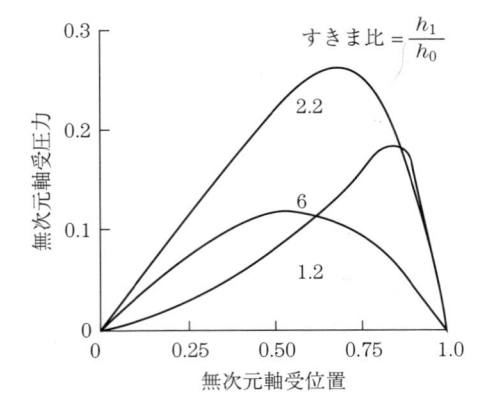

図3.16 傾斜平面軸受内の圧力分布の計算例

す。最大圧力はすきま比により変化する。すきま比が2.2のとき，圧力が最も大きくなる。

[3] 負荷容量の計算

単位幅当りの負荷容量 w は傾斜平面上の圧力を積分することにより求められる。

$$\frac{w}{L} = \int_0^B p\,dx = \frac{6U\eta B^2}{h_0^2}\int_0^1 P\,dx \tag{3.11}$$

ここで負荷容量をつぎの無次元量 W で表すと

$$W = \frac{w \cdot h_0^2}{6U\eta B^2 L} \tag{3.12}$$

となり，式 (3.11) の積分を実行すると

$$W = \frac{1}{K}\left[\frac{-K^2}{\log_e(1+K-KX)} - \frac{K^2(2+K)(1+K-KX)}{1+K}\right.$$
$$\left. - \frac{K(2+K)}{X}\right]_0^1$$
$$= \frac{1}{K}\left\{\frac{\log_e(1+K)}{K} - \frac{2}{2+K}\right\} \tag{3.13}$$

となる。この式は無次元負荷容量が傾斜平面のすきま比 $h_1/h_0 = (1+K)$ のみの関数であることを示している。すきま比を変えて計算した負荷容量を**図 3.17**に示す。負荷容量はすきま比 $h_1/h_0 = (1+K)$ が2.2のときに最大値を

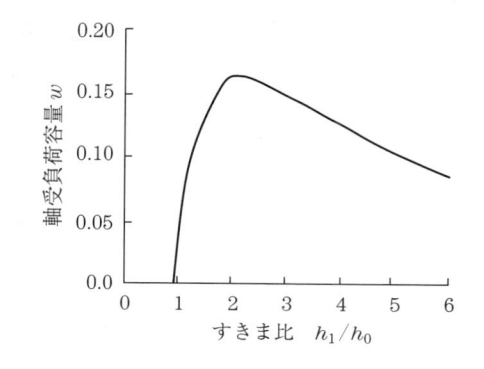

図3.17 傾斜平面軸受の軸受負荷容量

示し,その値は

$$\frac{w}{L} = 0.160\,2\,\frac{\eta U B^2}{h_0^2}$$

となる.傾斜平面軸受は,平面の傾斜の大きさにより,軸受特性が大きく変化することに注目すべきである.

[4] 圧力中心またはピボット点の計算

傾斜平面にかかる圧力は平面を回転させる動きをする.それがバランスする荷重中心となるピボット点の位置 x_p は,モーメントのつりあいによりつぎのモーメントの式から求まる.

$$w\,x_p = \int_0^B p x\,dx \tag{3.14}$$

いままでの無次元量を用いて,さらにピボット位置の無次元表示 ($X_p = x_p/B$) を用いると

$$X_p = \frac{\int_0^1 PX\,dX}{W}$$
$$= \frac{2\,(3+K)(1+K)\log_e(1+K) - K(6+5K)}{\{(2+K)\log_e(1+K) - 2K\}\,2K} \tag{3.15}$$

K をかえて計算することにより,ピボット位置 X_p が定まる.ティルティングパッド軸受や磁気ヘッドスライダなどの設計では K を与えて式 (3.13) と式 (3.15) より X_p と W を計算し図表化しておく.傾斜平面軸受の荷重とピボット位置が与えられると,与えられた W と X_p の交点となる K がスライ

ダのすきま比を与えることになる。計算機を利用した後述する手法（尾高の方法，4.2.1項）では，荷重とピボット位置を与えるとそれにつりあうスライダの入り口および出口のそれぞれのすきまを直接計算できる。

[5] 油量の計算

油量の計算は潤滑方程式を導いたときの途中経過の式（3.4）から求まる。

$$q_x = \frac{Uh}{2} - \frac{h^3}{12\eta}\frac{dp}{dx}$$

横漏れがないとしているから，スライダの流入側から入った油量はすべて流出側から流れ出る。すなわち，$h = h_M$ での流量と同じである。

$$q_x = \frac{Uh_M}{2} = Uh_0\frac{1+K}{2+K} \tag{3.16}$$

[6] 軸受の摩擦力の計算

傾斜平面表面のせん断力 τ はニュートン流体の場合，式（2.4）をつぎのように再掲する。

$$\tau = \eta\frac{du}{dz}$$

速度微分 du/dz は壁面 $z = h$ での速度 0，壁面 $z = 0$ での速度 U とすれば，潤滑方程式を導いた途中経過の速度の式（3.3）を用いて

$$\frac{du}{dz} = \frac{1}{\eta}\frac{dp}{dx}\left(z - \frac{h}{2}\right) - \frac{U}{h}$$

となる。

上の二つの式から傾斜平面表面のせん断力 τ が求まる。$z = h$ および $z = 0$ における表面の応力 $\tau_{h,0}$ は

$$\tau_{h,0} = \pm\frac{dp}{dx}\frac{h}{2} - \frac{\eta U}{h} \tag{3.17}$$

正の記号は $z = h$ での τ_h に対応する。

平板にかかる全摩擦力 f は傾斜平面上を積分することにより求まる。

$$f = \int_0^L \int_0^B \tau\, dy\, dx$$

式（3.17）を上式に代入すると

$$f_{h,0} = \int_0^L \int_0^B \tau_{h,0}\, dy\, dx = \int_0^L \int_0^B \left(\pm \frac{dp}{dx} \frac{h}{2} - \frac{\eta U}{h} \right) dx\, dy \tag{3.18}$$

となる。± の記号は軸受の上面と下面の摩擦を与えている。すなわち，壁面の上面と下面では摩擦力は異なる値を示し（$f_h < f_0$），作用・反作用の力は同じではない。下壁面の摩擦力を負の記号を無視して書き直すと

$$\frac{fh_0}{LB\eta U} = \frac{\log_e(1+K)}{K} + 3KW$$

または

$$F = \frac{fh_0}{LB\eta U} = \frac{4\log_e(1+K)}{K} - \frac{6}{2+K} \tag{3.19}$$

となる。ここに，F は無次元摩擦力を表す。摩擦係数 μ は f/w で定義されるから

$$\mu = \frac{f}{w} = \frac{LB\eta U}{h_0\, w} F \tag{3.20}$$

または

$$\frac{\mu}{\dfrac{h_0}{B}} = \frac{F}{6W}$$

となる。

3.4.2 ステップ軸受

軸受形状が $dh/dx < 0$ となるものに**レーリーステップ軸受**または単に**ステップ軸受**（stepped pad bearing, Rayleigh step bearing）と呼ぶ段付平行軸受がある。前出の図 3.13（b）に示すように平行板の途中に段が付いており，流入側のすきま h_1 に比べて流出側のすきま h_0 が小さい軸受である。ステップ軸受のすきまの幾何形状を**図 3.18** に示す。すきまはつぎのように表す。

$$\left. \begin{array}{l} h = h_1 : 0 < x < B_0 \\ h = h_0 : B_0 < x < B \end{array} \right\} \tag{3.21}$$

圧力の境界条件は，軸受の入り口（$x = 0$）と出口（$x = B$）で圧力 $p = 0$ を配慮して，前項の傾斜平面軸受と同様に計算すると，ステップの段差部（x

74   3. 流体潤滑

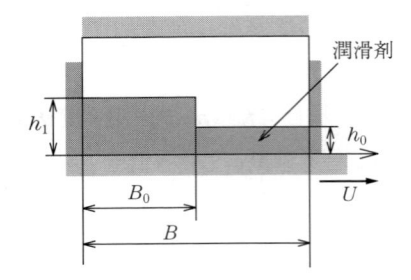

図 3.18 ステップ軸受

$= B_0$) における圧力を P_s とすれば前ステップの圧力の勾配は $dp/dx = -P_s/B_0$ である。

また，ステップ段差部を通過する流量で前ステップにおける流量と後ステップを通過する流量は等しいはずである。流量 q_x は式 (3.4) で表されるから

$$q_x = \frac{Uh_1}{2} - \frac{h_1^3}{12\eta}\frac{P_s}{B_1} = \frac{Uh_0}{2} + \frac{h_0^3}{12\eta}\frac{P_s}{B_0}$$

上式より P_s が求まる。ここで，$h_1/h_0 = H$，$B_1/B_0 = \beta$ とすると

$$P_s = \frac{\beta(H-1)}{H^3 + \beta}\frac{6U\eta B_0}{h_0^2} \tag{3.22}$$

単位幅当りの負荷容量 w/L は P_s を用いて単純に計算できるから，つぎのようになる。

$$\frac{w}{L} = P_s\frac{B}{2} = \frac{6U\eta}{h_0^2}\frac{B}{2}B_0\frac{\beta(H-1)}{H^3+\beta} \tag{3.23}$$

最大負荷容量は $\beta = 2.588$，$H = 1.87$ のときに最大になり

$$\frac{w}{L} = 0.206\frac{\eta UB^2}{h_0^2}$$

となる。軸受すきま比を変えて計算したステップ軸受と傾斜平面軸受の軸受負荷容量を図 3.19 に示す。ステップ軸受のステップ深さは軸受特性に大きな影響を与えることがわかる。傾斜平面軸受の最大負荷容量（図 3.17）に比べて，ステップ軸受のほうが負荷容量を大きくできるが，すきまが最適値からずれると負荷容量は急激に下がる。すきまの予測を間違うと軸受特性が大きく変動するので注意が必要である。

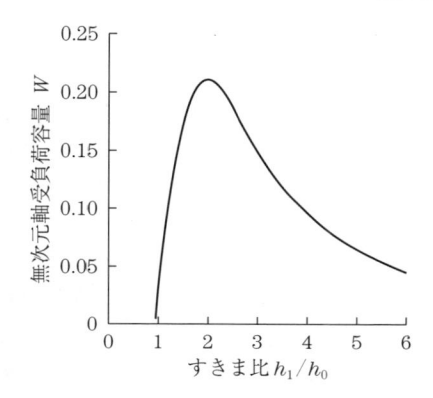

図3.19 ステップ軸受の負荷容量

3.4.3 真円ジャーナル軸受

ここではジャーナル軸受のうち代表的な真円ジャーナル軸受の二次元（無限長幅近似軸受）の場合についてその理論解を求めてみよう。

[1] 軸受すきま形状

ジャーナル軸の半径を R とし，真円軸受の半径を $R+c$ とする。真円軸受は軸の直径より $2c$ だけ広くなっている。回転中の軸は**図3.20**に示すように荷重 W が加わる方向とわずかに傾き，かつ，軸受中心 O から少し偏心した状態で回転している。偏心軸が傾く理由は，軸受内で発生する圧力の非対象性のためである。このときの**偏心角**を ϕ，および**偏心量**を e とする。つぎのような軸受すきまとの比を**偏心率** ε という。

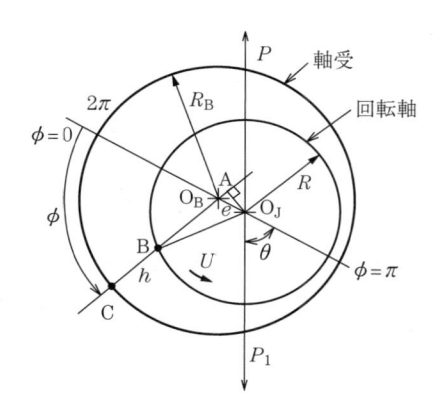

図3.20 真円ジャーナル軸受

$$\frac{e}{c} = \varepsilon$$

新しい変数を θ とすると，軸受すきまの分布はつぎのように近似的に表すことができる。

$$h = c + e \cos\theta = c(1 + \varepsilon \cos\theta) \tag{3.24}$$

[2] 圧力分布の計算

軸受の特性を求める計算は，式 (3.24) で表されるすきまを潤滑方程式 (3.5) に代入して圧力 p を求めることに帰着する。ここで，$x = R\theta$ とすると $dx = Rd\theta$ となり，式 (3.5) を一度積分した形としてつぎのようになる。

$$\frac{dp}{d\theta} = 6\eta\, UR\left(\frac{1}{h^2} - \frac{h_m}{h^3}\right)$$

さらに，式 (3.24) を入れてもう一度積分すると圧力は

$$p = \frac{6\eta\, UR}{c^2}\left[\int\frac{d\theta}{1+\varepsilon\cos\theta} - \frac{h_m}{c}\int\frac{d\theta}{(1+\varepsilon\cos\theta)^3}\right] + C_1$$

ここで，h_m，C_1 は積分定数である。この式を積分するためにゾンマーフェルトは新しい変数 γ を導入した。このことを**ゾンマーフェルト変換**と呼ぶ。

$$\cos\gamma = \frac{\varepsilon + \cos\theta}{1 + \varepsilon\cos\theta} \tag{3.25}$$

これを用いると

$$1 + \varepsilon\cos\theta = \frac{1-\varepsilon^2}{1-\varepsilon\cos\gamma} \tag{3.26}$$

となり，積分が容易となり，つぎのようになる。

$$p = \frac{6\eta\, UR}{c^2}\left\{\frac{\gamma - \varepsilon\sin\gamma}{(1-\varepsilon^2)^{\frac{3}{2}}} - \frac{h_m}{c}\frac{1}{(1-\varepsilon^2)^{\frac{5}{2}}}\left(\gamma - 2\varepsilon\sin\gamma\theta + \frac{\varepsilon^2}{2}\gamma\right.\right.$$
$$\left.\left. + \frac{\varepsilon^2}{4}\sin^2\theta\right)\right\} + C_1 \tag{3.27}$$

となる。

この圧力分布の $\gamma = 0$ における圧力を p_0 とすると，積分定数 $C_1 = p_0$ となる。これをゾンマーフェルトの境界条件という。また，もう一つの積分定数 h_m はつぎのようになる。

3.4 潤滑方程式の厳密解の例

$$h_m = \frac{2c(1-\varepsilon^2)}{2+\varepsilon^2}$$

γ を θ に変えると圧力分布は次式となる。

$$p - p_0 = \frac{6\eta\, UR}{c^2} \frac{\sin\theta(2+\varepsilon\cos\theta)}{(2+\varepsilon^2)(1+\varepsilon\cos\theta)^2} \tag{3.28}$$

この圧力分布は，図 3.21（a）ゾンマーフェルトの条件の場合のようになり，$\theta = \pi$ の点に関して点対称となる。

(a) ゾンマーフェルトの条件: $p(0,y)=0, p(2\pi y, y)=0$

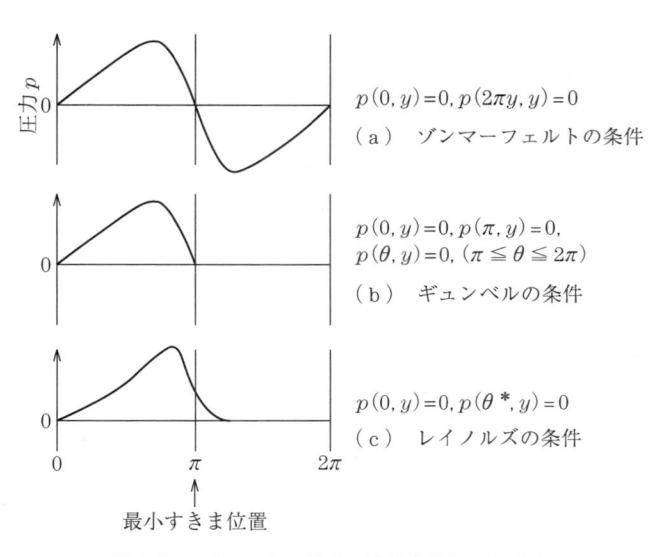

(b) ギュンベルの条件: $p(0,y)=0, p(\pi,y)=0, p(\theta,y)=0, (\pi \leq \theta \leq 2\pi)$

(c) レイノルズの条件: $p(0,y)=0, p(\theta^*,y)=0$

↑最小すきま位置

図 3.21 ジャーナル軸受の境界条件と圧力分布

［3］ 圧力の境界条件

ゾンマーフェルトの解では，圧力が 0 以下の部分は負圧となる。実際の油潤滑軸受では p_0 が大気圧となり，大気圧以下の圧力の領域では油膜が破断して大気状態となるため大気圧以下となることはないのが一般である。式（3.28）では積分における境界条件を**ゾンマーフェルトの境界条件**を用いたが，そのほかの代表的なものに**ギュンベル**および**レイノルズの境界条件**がある。それらをまとめると図 3.21 のようになる。

ゾンマーフェルトの条件を用いて負荷容量を計算するとそれは0となり，軸受の意味をなさなくなる．物理的意味を考慮した最も簡単な条件がギュンベル条件である．負荷容量など静特性を計算するときには計算が簡単で精度も悪くない．しかし，振動計算などの動特性を計算するときは精度が悪くなり，代わりにレイノルズの条件が多く用いられている．物理現象として，実際上，この油膜破断がどのように生じるかはまだ不明の点が多く，理論上の取扱いについてはまだ議論のあるところである．

[4] **負荷荷重の計算**

図3.22に示すように軸に荷重 W が加わっている場合，この荷重を軸受で発生する圧力で支えることになる．

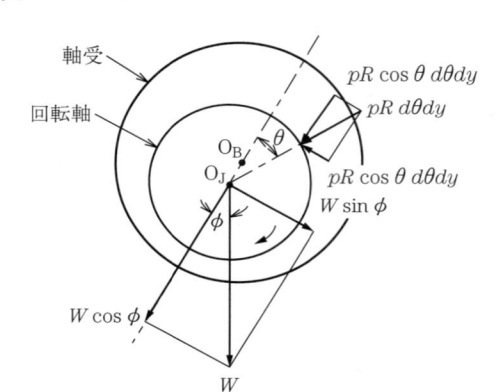

図3.22 ジャーナル軸受における力の成分

軸受油膜圧力を傾心軸と平行な成分（$p\cos\theta$）とそれに垂直な成分（$p\sin\theta$）に分解し，それぞれの圧力成分を軸受面内で積分すると

$$W_\varepsilon = W\cos\phi = -B\int_{\theta_1}^{\theta_2} pR\cos\theta\, d\theta \tag{3.29}$$

$$W_\phi = W\sin\phi = -B\int_{\theta_1}^{\theta_2} pR\sin\theta\, d\theta \tag{3.30}$$

$$W = \sqrt{W_\varepsilon^2 + W_\phi^2} \tag{3.31}$$

となる．ここで θ_1, θ_2 は圧力が発生する始点と終点であり，それらは図3.21に示す境界条件によって異なる値をとることになる．

3.4.4 スクイーズ膜軸受

図 3.23 に示すように，幅 B で y 方向に無限に長い板を考える。

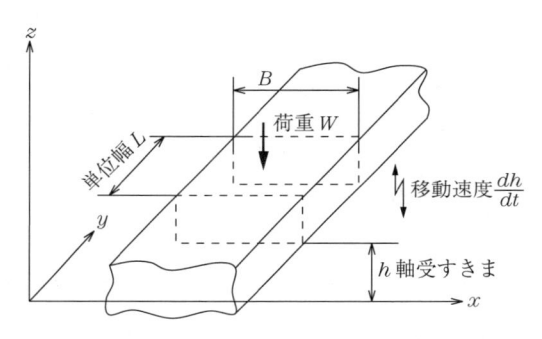

図 3.23 無限幅スクイーズ油膜軸受

この板が基板に対して z 方向に薄い潤滑膜を間に挟んで移動速度 dh/dt で平行に動くとき，潤滑方程式（3.7）はつぎのように簡単化される。

$$\frac{d}{dx}\left(h^3\frac{dp}{dx}\right) = 12\eta\frac{dh}{dt}$$

一度両辺を x で積分する。

$$\frac{dp}{dx} = \frac{12\eta\dfrac{dh}{dt}}{h^3}x + C_1$$

もう一度積分する

$$p = \frac{6\eta\dfrac{dh}{dt}}{h^3}x^2 + C_1 x + C_2$$

C_1 と C_2 は積分定数である。

中央の $x=0$ で圧力勾配は 0，すなわち $x=0$，$dp/dx=0$ であるから $C_1=0$ となる。さらに，$x=\pm B/2$ で $p=0$ であるから

$$C_2 = -\frac{6\eta\dfrac{dh}{dt}B^2}{4h^3}$$

となる。故に圧力は

$$p = \frac{6\eta \dfrac{dh}{dt}}{h^3}\left(x^2 - \frac{B^2}{4}\right) \tag{3.32}$$

と表される。

単位面積当りの負荷容量は，式 (3.32) を平板上で積分してつぎのようになる。

$$\frac{w}{L} = \int p\,dx = \frac{\eta \dfrac{dh}{dt} B^3}{h^3} \tag{3.33}$$

L が無限長ではなく，板が矩形の場合，B/L 比によって近似的に負荷荷重はつぎのように表記される。

$$w = \beta \frac{\eta \dfrac{dh}{dt} B^3 L}{h^3} = K \frac{\eta \dfrac{dh}{dt} B^3}{h^3} \tag{3.34}$$

ここに $K = \beta B^3 L$ である。

β は近似的に次式で与えられる。

$$\beta = 1 - \frac{0.6\,B}{L} \tag{3.35}$$

式 (3.34) は，スクイーズ膜軸受の時間 t における負荷容量がすきまの時間変化，すなわち，すきまの変化速度に比例することを示している。$K\eta/h^3$ は減衰係数と見なすことができる。しかし，その一周期分を積分すると 0 となり，軸受として荷重を支えることができないことを示している。

すきま h_1 から h_2 に動くまでの時間は

$$t = \int_{t_1}^{t_2} dt = \frac{K\eta}{W}\int_{h_1}^{h_2}\frac{dh}{h^3} = \frac{K\eta}{2W}\left(\frac{1}{h_2^2} - \frac{1}{h_1^2}\right) \tag{3.36}$$

となる。

3.5 三次元潤滑方程式

3.3 節で導いた二次元定常非圧縮潤滑方程式を，通常の**有限幅軸受**である三次元非定常非圧縮流体潤滑方程式に拡張してみよう。

3.3.1 項の仮定（⑦, ⑧）をつぎのようにかえる。

⑦′ 三次元問題とする。

⑧′ 非定常流れとする。

図 3.24 に示すように座標と速度をとる。x 方向が流体のおもな流れ方向とし，y 方向を軸受幅方向，z 方向を流体厚さ方向とする。x 方向の運動の力のつりあいは，図 3.25 のようになる。y 方向も同様に表せる。

3.3 節では潤滑方程式を力のつりあいの関係から求めた。これと同じ考えで三次元潤滑方程式に拡張できる。しかし，この章ではナビエ・ストークスの式

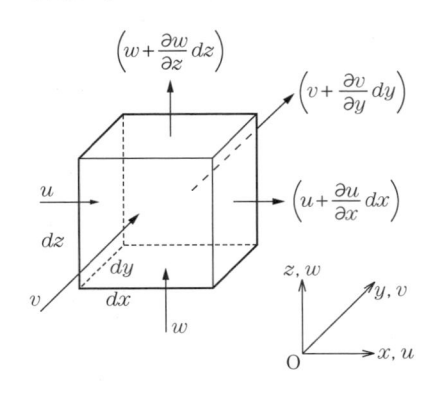

図 3.24 微小直六面体における流体の出入り

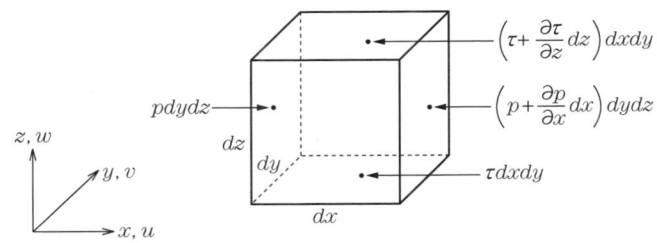

図 3.25 x 方向の力のつりあい

から三次元潤滑方程式を導いてみよう。この方法はレイノルズが初めて潤滑方程式を導出したときの手法と基本的に同じである。一般に流体力学に関する問題はナビエ・ストークスの運動方程式と，質量保存の法則（別名，連続の式）の関係から二つの方程式を連立して解くことにより解が求まる。

ナビエ・ストークスの運動方程式は，ニュートンの運動方程式に基礎を置くものでつぎのように表される。

$$\rho \frac{Du}{Dt} = F_x - \frac{\partial p}{\partial x} + \frac{\partial}{\partial x}\left\{\lambda\left(\frac{\partial u}{\partial x} + \frac{\partial v}{\partial y} + \frac{\partial w}{\partial z}\right) + 2\eta\frac{\partial u}{\partial x}\right\}$$
$$+ \frac{\partial}{\partial y}\left\{\eta\left(\frac{\partial v}{\partial x} + \frac{\partial u}{\partial y}\right)\right\} + \frac{\partial}{\partial z}\left\{\eta\left(\frac{\partial u}{\partial z} + \frac{\partial w}{\partial x}\right)\right\}$$

$$\rho \frac{Dv}{Dt} = F_y - \frac{\partial p}{\partial y} + \frac{\partial}{\partial y}\left\{\lambda\left(\frac{\partial u}{\partial x} + \frac{\partial v}{\partial y} + \frac{\partial w}{\partial z}\right) + 2\eta\frac{\partial v}{\partial y}\right\}$$
$$+ \frac{\partial}{\partial z}\left\{\eta\left(\frac{\partial v}{\partial z} + \frac{\partial w}{\partial y}\right)\right\} + \frac{\partial}{\partial x}\left\{\eta\left(\frac{\partial u}{\partial y} + \frac{\partial v}{\partial x}\right)\right\}$$

$$\rho \frac{Dw}{Dt} = F_z - \frac{\partial p}{\partial z} + \frac{\partial}{\partial z}\left\{\lambda\left(\frac{\partial u}{\partial x} + \frac{\partial v}{\partial y} + \frac{\partial w}{\partial z}\right) + 2\eta\frac{\partial w}{\partial z}\right\}$$
$$+ \frac{\partial}{\partial x}\left\{\eta\left(\frac{\partial w}{\partial x} + \frac{\partial u}{\partial z}\right)\right\} + \frac{\partial}{\partial y}\left\{\eta\left(\frac{\partial v}{\partial z} + \frac{\partial w}{\partial y}\right)\right\} \quad (3.37)$$

また，質量保存式または連続の式はつぎのように表される。

$$\frac{\partial \rho}{\partial t} + \frac{\partial}{\partial x}(\rho u) + \frac{\partial}{\partial y}(\rho v) + \frac{\partial}{\partial z}(\rho w) = 0 \quad (3.38)$$

ナビエ・ストークスの運動方程式（3.37）の左辺は慣性項，右辺第1項は体力項，第2項は圧力項，第3項以上は粘性項である。

式（3.37）において仮定②を適用すると

$$\frac{Du}{Dt} = \frac{Dv}{Dt} = \frac{Dw}{Dt} = 0$$

また

$$F_x = F_y = F_z = 0$$

となり，式（3.37）には圧力項と粘性項のみが残る。また，仮定⑤より，流体膜厚は軸受の寸法に比べてきわめて小さいため，粘性項のうち$(\partial/\partial z)(\eta$

$\partial u/\partial z$ および $(\partial/\partial z)(\eta\, \partial v/\partial z)$ 以外の項は，これら 2 項に比べて十分小さいとして無視できると考えられる．

以上より式 (3.37) はつぎのようになる．

$$0 = -\frac{\partial p}{\partial x} + \frac{\partial}{\partial z}\left(\eta \frac{\partial u}{\partial z}\right)$$

$$0 = -\frac{\partial p}{\partial y} + \frac{\partial}{\partial z}\left(\eta \frac{\partial v}{\partial z}\right)$$

$$0 = -\frac{\partial p}{\partial z}$$

流体の速度 u および v は上記の式を積分し，壁面での速度境界条件を考慮するとつぎのようになる．

$$\frac{\partial u}{\partial z} = \left(\frac{2z - h}{\eta}\right)\frac{\partial p}{\partial x} - \frac{U_2 - U_1}{h}$$

$$\frac{\partial v}{\partial z} = \left(\frac{2z - h}{\eta}\right)\frac{\partial p}{\partial y} - \frac{V_2 - V_1}{h}$$

さらに上式を積分するとつぎのようになる．

$$u = -z\left(\frac{h - z}{2\eta}\right)\frac{\partial p}{\partial x} + U_2\frac{h - z}{h} + U_1\frac{z}{h}$$

$$v = -z\left(\frac{h - z}{2\eta}\right)\frac{\partial p}{\partial y} + V_2\frac{h - z}{h} + V_1\frac{z}{h}$$

x および y 方向の流量 q_x，q_y はつぎのようになる．

$$q_x = \int_0^h u\, dz = -\frac{h^3}{12\eta}\frac{\partial p}{\partial x} + \frac{U_1 + U_2}{2}h$$

$$q_y = \int_0^h v\, dz = -\frac{h^3}{12\eta}\frac{\partial p}{\partial y} + \frac{V_1 + V_2}{2}h$$

つぎに微小立方体中の流体の連続の条件を考える．立方体中に流入する質量流量と，出ていく質量流量および立方体中にとどまる流体の質量はつねに一定である．

すなわち，連続の式 (3.38) において仮定 ⑤ を適応すると

$$\frac{\partial(\rho\, q_x)}{\partial x} + \frac{\partial(\rho\, q_y)}{\partial y} + \frac{\partial(\rho\, h)}{\partial t} = 0$$

となる。

非圧縮流体（仮定 ②）の場合は，ρ は一定であるから

$$\frac{\partial q_x}{\partial x} + \frac{\partial q_y}{\partial y} + \frac{\partial h}{\partial t} = 0$$

となる。

上式に x 方向および y 方向の流量を代入すると

$$\frac{\partial}{\partial x}\left(-\frac{h^3}{12\eta}\frac{\partial p}{\partial x} + \frac{U_1 + U_2}{2}h\right) + \frac{\partial}{\partial y}\left(-\frac{h^3}{12\eta}\frac{\partial p}{\partial y} + \frac{V_1 + V_2}{2}h\right)$$
$$+ \frac{\partial h}{\partial t} = 0 \tag{3.39}$$

すなわち

$$\frac{\partial}{\partial x}\left(h^3\frac{\partial p}{\partial x}\right) + \frac{\partial}{\partial y}\left(h^3\frac{\partial p}{\partial y}\right)$$
$$= 6\eta(U_1 + U_2)\frac{\partial h}{\partial x} + 6\eta(V_1 + V_2)\frac{\partial h}{\partial y} + 12\eta\frac{\partial h}{\partial t} \tag{3.40}$$

となる。これを三次元非圧縮流体非定常潤滑方程式と呼ぶ。

この方程式の解を求める方法には，数値解法および級数展開法があるが，数値解法が一般的である。軸受平面上の圧力分布は，軸受の端部が大気圧に等しくなるので，複雑な三次元的圧力分布を示す。

3.6 圧縮性流体（気体軸受）潤滑方程式

気体潤滑軸受すなわち**気体軸受**の場合，潤滑流体である気体は圧縮性を示す。このため仮定 ② をつぎのように変える。

仮定 ②′　潤滑流体は完全ガスとする。

この仮定により，圧力をつぎのように表すことができる。

$$p = \rho RT \tag{3.41}$$

ここで，ρ は密度，R は気体定数，T は絶対温度である。気体軸受の場合は粘性摩擦が小さく，温度上昇も小さい。このため，等温変化と仮定することが多い。

3.6 圧縮性流体（気体軸受）潤滑方程式

上式を連続の式（3.38）に入れて，R と T を定数と仮定して整理すると，以下の式になる[2]。

$$\frac{\partial}{\partial x}\left(p\,h^3\,\frac{\partial p}{\partial x}\right) + \frac{\partial}{\partial y}\left(p\,h^3\,\frac{\partial p}{\partial y}\right) = 6\eta\,U\,\frac{\partial (ph)}{\partial x} + 12\eta\,\frac{\partial (ph)}{\partial t} \quad (3.42)$$

この圧縮性流体潤滑方程式の特徴は，各項の中に圧力の変数が含まれることである。圧縮性潤滑流体の密度変化は軸受内圧力によるものであり，この潤滑方程式に反映されている。

上式で速度が無限に大きくなった場合，左辺が有限であるには $\partial(ph)/\partial x \to 0$，すなわち $ph \to$ 一定値になることが必要である。軸受の流入端での圧力 p_a とすきま h_1 が有限の場合，$ph \to p_a h_1$ となり，軸受内の圧力は有限の値を示すことになり，軸受負荷能力も上限があることを示している。油潤滑軸受などの非圧縮性流体潤滑の発生軸受圧力は速度に比例し，理論上は速度が無限になると圧力も無限となる。一方，圧縮性流体潤滑の場合は圧力が有限な値をとり，非圧縮流体潤滑と大きく異なる点である。潤滑流体の違いによるスライダ内の圧力分布の違いを模式的に示すと**図 3.26** のようになる。非圧縮性流体の場合は圧力の勾配が緩やかであるが，圧縮性流体の場合は圧力の変化が急激である。

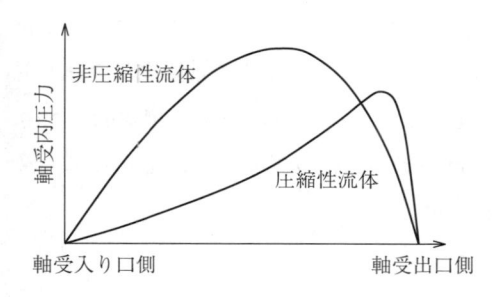

図 3.26 圧縮性流体/非圧縮性流体による圧力分布の違い（模式図）

この方程式は非線形性が強く，一般に解析的に解くのが難しく，数値解法によるものが一般的である。また，上記のように圧力の変化が急激であるから数値解法においても収束計算の収束が遅い。このため適切な数値解法を用いないと発散などにより計算不能になりやすい。

3.7 希薄気体潤滑方程式

3.7.1 希薄気体の分類

液体潤滑の場合，潤滑流体は連続流体と見なすことができた。しかし，気体潤滑の場合，気体の圧力が低い真空状態に近づく場合や，軸受すきまが極端に狭く，分子の大きさと同程度になる場合には，気体を連続流と見なすことは困難となり，気体の粒子性が顕著となってくる。このような状態における潤滑方程式を**希薄気体潤滑方程式**という。これまで潤滑方程式を導いてきたのは仮定⑥に示すように，壁面では流体と壁面は同じ速度であるという境界条件，すなわち，壁面で流体の滑りがないとしていた。しかし，流体が希薄気体の場合には，流体は連続流とは見なされず，気体の粒子性の影響が表れ，見掛け上，壁面で流体が滑っているように見える。この状態を**滑り流れ**（slip flow）と称する。さらに流体の希薄の状態が進むと気体分子の粒子性がさらに顕著となる。希薄の状態とは，相対的なものであり，二つの場合がある。一つは気体雰囲気圧力が低下して気体分子の**分子平均自由行程**（molecular mean free path）が大きくなる場合，もう一つは気体が作用するところの寸法（代表寸法，軸受の場合は軸受すきま）が非常に小さくなって，気体分子の大きさと同程度か，またはもっと小さくなる場合が想定される。そこで気体粒子の分子平均自由行程を λ とし，軸受のすきまを h とすると，気体粒子の相対的な大きさを表す**クヌーセン数**（Knudsen number）M をつぎのように定義して，希薄の度合を示す指標とすることが行われている。

$$M = \frac{\lambda}{h} \tag{3.43}$$

流れはおよそつぎのように分類される。

連続流：$M < 0.01$

滑り流れ：$0.01 < M < 3$

遷移流れ：$3 < M < 10$

自由分子流れ：$10 < M$

例えば，空気の場合，標準状態での平均分子自由行程 $\lambda = 0.064\,\mu\mathrm{m}$ であるから

（1） 軸受すきまが $10\,\mu\mathrm{m}$ の場合，$M = 0.064/10 = 0.006\,4 < 0.01$ であり，連続流と見なされる。

（2） 軸受すきまが $0.3\,\mu\mathrm{m}$ の場合，$M = 0.064/0.3 = 0.21$ となり，滑り流れと見なされる。

（3） 軸受すきまが $0.005\,\mu\mathrm{m}$（5 nm）の場合には，$M = 0.064/0.005 = 12.8$ となり，自由分子流れと見なされる。

潤滑流体が空気の場合では，（1）の状態は気体（空気）軸受であり，潤滑方程式は前述の式（3.42）が適用される。（2）の場合には，つぎに導く式（3.45）が妥当である。この式は低雰囲気圧力（真空中）における気体軸受の基礎式である。もともとは低雰囲気圧力で使用する機器（例えば，ウラン遠心分離機）用気体軸受の特性を評価するために考え出されたものである。（3）の場合は磁気ディスク装置の低浮上化に伴って磁気ヘッドスライダ設計の必要上，考えられたものである。この場合，潤滑方程式は後述する式（3.46）が妥当である。

3.7.2 滑り流れ潤滑方程式

ブルグドルファー（Brugdorfer）が導いた滑り流れ潤滑方程式をつぎに示す[3]。滑り流れとは，図 3.27 に示すように軸受壁面で流体速度が壁面速度と一致せず，ずれが生じる流れがある。そのときの速度は図 3.18 に示す座標を用いて

$$\left. \begin{aligned} u|_{z=0} &= U + a \left.\frac{\partial u}{\partial z}\right|_{z=0} \\ u|_{z=h} &= -a \left.\frac{\partial u}{\partial z}\right|_{z=h} \\ a &= \frac{2-\alpha}{\alpha} = 適応係数 \end{aligned} \right\} \quad (3.44)$$

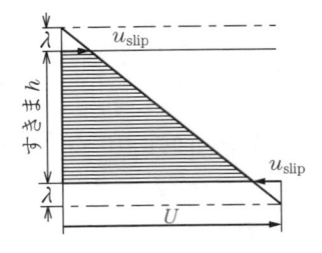

図 3.27 滑り流れ

で表わされる。

式 (3.44) で表示される軸受壁面での境界条件を用いて, 式 (3.40) を導出したと同様に潤滑方程式を導くとつぎのようになる。

$$\frac{\partial}{\partial x}\left\{p\,h^3\left(1+\frac{6\lambda}{h}\right)\frac{\partial p}{\partial x}\right\}+\frac{\partial}{\partial y}\left\{ph^3\left(1+\frac{6\lambda}{h}\right)\frac{\partial p}{\partial y}\right\}$$
$$=6\eta\,U\frac{\partial(ph)}{\partial x}+12\eta\frac{\partial(ph)}{\partial t} \qquad (3.45)$$

壁面での滑り流れの精度を上げるために, さらに滑り流れの二次項まで考慮した式もある。

3.7.3 分子気体潤滑方程式 (ボルツマン線形化方程式)

福井・金子が導いた**分子気体潤滑方程式**をつぎに示す[4]。

軸受すきまが気体分子の平均自由行程より小さくなると, 軸受すきま内気体分子を粒子として取り扱う必要が出てくる。気体を連続体としてではなく粒子として取り扱う学問分野として気体分子運動論がある。その中で気体分子を弾性球体と見なし, 気体分子が衝突する状態を定式化したものがボルツマン (Boltzmann) 方程式と呼ばれるものである。その式を解くことにより, 気体の速度分布関数が求まり, その結果, 気体の特性が速度分布関数で記述される。このようにして, 気体の特性の一つである粘性は, ボルツマン方程式を解くことにより求まる。希薄流体の流れをボルツマン方程式をもとにして求め, それを質量保存則 (連続の式) に当てはめて求めたものを分子気体潤滑方程式と呼ばれている。これは従来の潤滑方程式と同じ形式として次式のように無次

元表現される。

$$\frac{\partial}{\partial X}\left(Q_p \cdot PH^3 \frac{\partial P}{\partial X}\right) + \frac{\partial}{\partial Y}\left(Q_p \cdot PH^3 \frac{\partial P}{\partial Y}\right)$$
$$= \Lambda \cdot \frac{\partial (PH)}{\partial X} + \sigma \cdot \frac{\partial (PH)}{\partial \tau} \qquad (3.46)$$

ここで

P：無次元圧力＝(p/p_a)

H：無次元すきま量$(=h/h_0)$

X, Y：無次元座標（X：走行方向）

Q_p：無次元流量係数

Λ：ベアリング数（$=6UL/p_a h_0^2$）

σ：スクイーズ数（$=12L^2/p_a h_0^2$）

U：走行面の速度　L：機器の代表長さ

h_0：最小すきま量（すきまに関する代表長）

η：粘性係数　　p_a：周囲圧力

τ：無次元時間

この式の左辺は圧力流れの流量を表し，右辺第1項はせん断流れの流量，第2項は絞り膜効果の項を表している．式中の流量係数 Q_p はボルツマン方程式を線形化した式から数値計算されてデータベース化されており，圧力とすきま

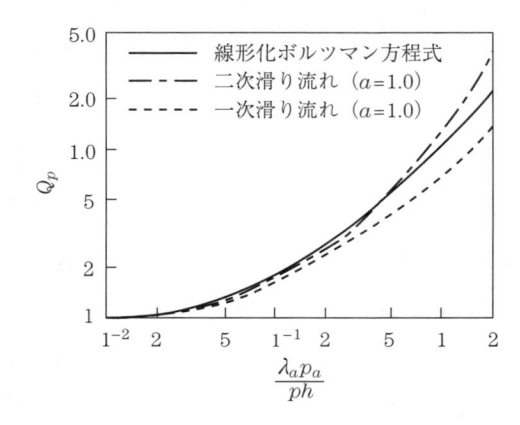

図3.28　線形化ボルツマン方程式の流量係数

に応じてデータベースから読み出して計算するものである。これら流量係数のデータを図 3.28 に示す。軸受すきまが十分大きいときは流量係数は連続流れのときとほぼ同じとなるが，すきまが小さくなると横軸の値が大きくなり，それに応じて気体分子の影響が表れ，流量係数が大きくなる。

3.8 弾性流体潤滑

たがいに相対運動する二面間に生じる流体潤滑圧力により，それぞれの表面が弾性変形する状態の潤滑を**弾性流体潤滑**（elastohydrodynamic lubrication, EHL）という。例えば，転がり軸受の球やころ，歯車の歯面などにおいて，非常に小さな接触面に大きな荷重が加わる場合がこれに相当する。大きな荷重でなくとも，例えば，磁気テープ装置におけるテープやフロッピーディスクのように変形しやすい媒体の場合にも EHL と見なされるものがある。また，雨中を走行中のタイヤと道路の間に水の膜ができるハイドロプレーニング現象も EHL の一種と考えられる。いずれの場合も変形する軸受面としての取扱いが必要となり，複雑な圧力分布を示すものとなる。

3.8.1　弾性流体潤滑理論

ここでは取扱いを簡単にするため，図 3.29 に示すように，非常に硬くて変形せずに一定速度で動く平面上を，弾性変形する球や円筒ころが荷重をうけて乗っている場合を想定する。

潤滑方程式は式（3.39）よりつぎのようになる。

$$\frac{\partial}{\partial x}\left(\frac{\rho h^3}{12\eta}\frac{\partial p}{\partial x}\right)+\frac{\partial}{\partial y}\left(\frac{\rho h^3}{12\eta}\frac{\partial p}{\partial y}\right)=U\frac{\partial(\rho h)}{\partial x} \qquad (3.47)$$

高圧力における油の性質は大きく変化するが，ここでは粘度が次式のように圧力に応じて指数的に変化する（Barus の式）ものとする。

$$\eta = \eta_0 \exp(p) \qquad (3.48)$$

油の密度変化は粘度のように大幅に変化することは少ないので一定とする。

3.8 弾性流体潤滑

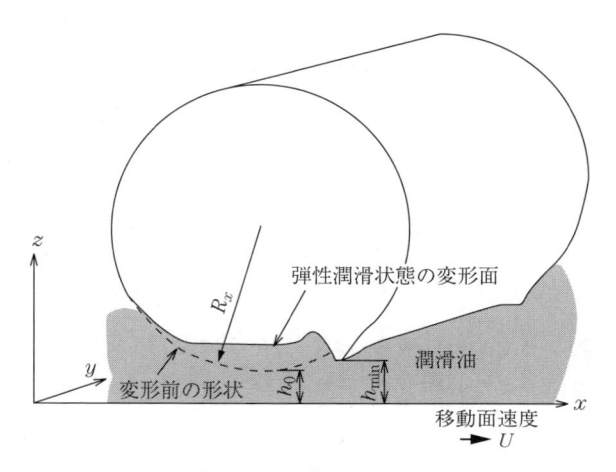

図 3.29 弾性流体潤滑状態の球または円筒ころの弾性変形形状

$$\rho = \rho_0 \qquad (3.49)$$

二面間の軸受すきまは、変形しない状態でのすきま h_0、平面と球またはころの幾何学的形状によるすきま（次式の右辺の第2項と第3項）、および球またはころの弾性変化により変化するすきま δ の合計である。

$$h = h_0 + \frac{x^2}{2R_x} + \frac{y^2}{2R_y} + \delta \qquad (3.50)$$

球またはころの弾性変形 δ は発生する潤滑膜圧力により変化する。弾性体の変形量 δ はつぎのように表される。E は球またはころの縦弾性係数（ヤング率）である。積分領域は変形領域の全面とする。

$$\delta = \frac{2}{\pi E} \iint \frac{p(s_x, s_y)}{\sqrt{(x - s_x)^2 + (y - s_y)^2}} \, ds_x \, ds_y \qquad (3.51)$$

球またはころに加わる荷重は発生する圧力とつりあう。

$$w = \iint p \, dx \, dy \qquad (3.52)$$

以上の式 (3.47)〜(3.52) を連立して解くことにより、潤滑面の圧力分布とすきま分布が計算できる。一般的には、これらの式は解析的に解くことができず、数値解法に頼ることが多い。

EHLにおける油膜形状と圧力分布は，通常の潤滑における圧力分布等とは大きく異なる特異な形状を示す。無限長円筒ころの場合についてその概略は前出の図3.7のようになる。潤滑形状は弾性変形により円筒面が平面に変形し，さらに油膜の出口部分で出口油膜が局所的に小さくなるという特異な形状を示す。すなわち，出口部分ですきまがくさび形状となる。このすきま変化に対応して，圧力分布は平面部ではほぼヘルツ圧力に近いが，出口部分で鋭いスパイク状の圧力ピークを示す。このように出口部分ですきまが狭くなるため，この部分で接触が起こりやすいと考えられ，転がり軸受の設計ではこの最小すきまを評価することが大きな課題となっている。

ダウソンとヒギンソン（Dowson & Higginson）は以上の基礎式に従って数値計算を繰り返し行い，線接触潤滑面の最小膜厚の関係を次式のように表示した（1959年）[5]。

$$\frac{h_{\min}}{R} = 2.65 \left(\frac{\eta_0 U}{ER}\right)^{0.7} (E)^{0.54} \left(\frac{W}{ERL}\right)^{-0.13} \tag{3.53}$$

ころ軸受ばかりでなく玉軸受についても，多くの研究者から最小膜厚の計算式が提案されている。

3.8.2 フォイル軸受とリーフ軸受
[1] フォイル軸受/リーフ軸受とは

従来から使われている軸受は，大きな荷重を支えるため，または正確な位置に回転体を保持するため，軸受が変形することは望ましくなく，通常，軸受は剛体またはそれに近い剛に作られる。一方，軽荷重で高速回転するときに生じる回転体の不安定振動（オイルホイップまたはホワール）を防止するために考えられたのが，**フォイル軸受**（図3.30）または**リーフ軸受**（図3.31）である。たわみやすいフォイル（テープ状の薄い板）またはリーフ（葉状薄板）は部分軸受である。これら部分軸受と回転体の間にできる流体圧力によって回転体を支える。フォイルまたはリーフはたわみやすいため，軸受で発生する流体圧力はつねに軸心に向いている。それ故にオイルホイップの原因であった軸心を振

3.8 弾性流体潤滑　　93

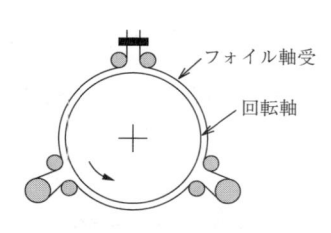

図 3.30　フォイル軸受

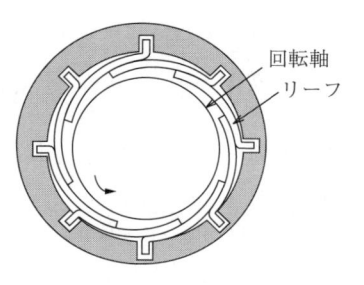

図 3.31　リーフ軸受

れまわす連成圧力を 0 とすることができ，ティルティングパッド軸受と同様に原理的に安定である。フォイル軸受はテープに張力を加えて引っ張っている。リーフ軸受は軸受であるリーフ（葉）状の薄板を片持ちまたは両持ち支持している。リーフ軸受は，航空機用空調機のターボ圧縮機や最近のマイクロタービン（超小型家庭用発電機，出力 10～100 kw 程度）の軸受に使われている。また，これらの軸受は高温や極低温における軸やケーシングの熱変形にも対応できるメリットをもっている。フォイル軸受は，軽くて剛性がほとんど 0 であるテープ状のフォイルで支えるため，高速時の不安定性を心配しなくてよく，高速回転が可能な理想の軸受と考えられるが，実用面では長時間使用に耐える実用的フォイル（テープ）が見当たらずアイデアだけで実用化はまだない。フォイル軸受の変形としてコンピュータ用磁気テープ装置における磁気ヘッド上を浮上する磁気テープがある。高速走行する磁気テープと磁気ヘッドのすきまを空気膜で正確にコントロールすることによって，テープとヘッドの摩耗を防ぎ，安定な記録再生を行うものである。

[2] 基礎方程式

　フォイル軸受およびリーフ軸受では，軸受面であるフォイルまたはリーフは軸の形にそって弾性変形すると同時に，回転体とフォイルまたはリーフ軸受によって発生する圧力によって微小な変形をする。すなわち，弾性流体潤滑軸受であるといえる。その軸受特性は，前述の弾性流体潤滑軸受と同じく，流体潤滑方程式とテープまたはリーフの弾性変形方程式の連立問題として解くことになる。フォイル軸受またはリーフ軸受は空気を潤滑剤としているものが多い。

空気軸受の流体潤滑方程式は前述の気体軸受潤滑方程式と同じである。

$$\frac{\partial}{\partial x}\left(ph^3\frac{\partial p}{\partial x}\right) + \frac{\partial}{\partial y}\left(ph^3\frac{\partial p}{\partial y}\right) = 6\eta\, U\frac{\partial (ph)}{\partial x} + 12\eta\frac{\partial (ph)}{\partial t} \qquad (3.54)$$

フォイルまたはリーフの変形の式は，弾性薄板の変形式が用いられる。

$$\frac{\partial^4 w}{\partial x^4} + 2\frac{\partial^4 w}{\partial x^2 \partial y^2} + \frac{\partial^4 w}{\partial y^4} = \frac{1}{D}\left(q + T_x\frac{\partial^2 w}{\partial x^2}\right) \qquad (3.55)$$

軸受すきまはフォイルまたはリーフの変形 w から軸形状 b との差である。

$$h = w - b \qquad (3.56)$$

フォイルまたはリーフを変形させる圧力 q は軸受内に発生する圧力 p と大気圧 p_a との差である。

$$q = p - p_a \qquad (3.57)$$

フォイルまたはリーフ材料の曲げ弾性定数 D はつぎのように表される。

$$D = \frac{Et^3}{12}(1 - \nu^2)$$

E：テープまたはフォイルの縦弾性係数

ν：テープまたはフォイルのポアソン比

t：テープまたはフォイルの厚さ

b：軸またはヘッド形状

p_a：大気圧力

T_x：テープ張力（リーフ軸受の場合 $T_x = 0$）

式（3.54）〜（3.57）を連立して解くことにより，軸受圧力 p とすきま h を求めることができる。計算は前述の EHL 計算の場合と同じである。圧力 p が求まると，それから軸受負荷容量が計算できる。

3.9 まとめ

3章では，摩擦，摩耗を低減する潤滑作用のうち，流体潤滑について，以下を学んだ。

（1）流体潤滑状態では，摩擦を十分に小さくでき，機器の摩耗がほとんど

ない理想的な状態を維持できる。
（2） 流体潤滑作用の理論は，レイノルズにより流体力学の応用として導かれた。この基礎式をレイノルズ方程式と呼ぶ。
（3） 流体潤滑状態の軸受特性はレイノルズ方程式で求められる。流体の種類や運転状況により，適切なレイノルズ方程式を採用して計算する。
（4） 流体潤滑剤（液体，気体）を用いた動圧軸受では，その基本原理はしだいにすきまが狭くなるくさび膜を形成することである。
（5） 軸受は三つの役目をもっている。①荷重を支える，②位置を正確に決める，③振動を抑える。
（6） ボールベアリング等では，転がり面が弾性変形することにより，流体潤滑状態が保たれている。この状態を弾性流体潤滑と呼ぶ。

4 メカトロニクスにおける流体潤滑設計の実際

　著者らは企業で製品の研究開発に携わり，その後，大学に移り，教育を担当するようになった。企業ではもの作り開発研究のいろいろな段階で，机の上の仕事だけではなく，現場作業や事故対策などの経験をした。また，コンピュータを用いた設計ソフトの開発や，世界を相手の特許争いなどいろいろ経験した。著者らの経験はそんなに多いものではないが，それでもそれらをすべて本書に盛り込むことは到底できない。本章と9章でその一部を述べることにする。

　本章では新規に独創的な流体軸受を開発する設計手法の一般論，および各論として著者らが経験した開発のための道具（ツール）作りについて述べ，さらにメカトロニクス製品に採用されている流体軸受について述べたい。

　独創的なものを作るための一般論というと，矛盾するように聞こえるが，ものを作るには基本があるということである。その基本とは，本書の各章に示す基本事項を正しく理解し，それを実際に応用することである。基本を実際に適用するところに設計者の個性による独創が生まれる。しかしながら，実際の設計では，いろいろな課題が生じるのは当り前で，すべてが一般論で片がつかない。大筋として一般論を理解した上で，個々の問題に対して設計者が知恵を絞らねばならない。各論解決の参考として，著者らの経験が役に立てば幸いである。

4.1　設計の目的と手順

　一般のもの作りと同様に，流体軸受の設計および開発においても，基本コンセプトまたはアイデアを具現化するための設計法が必要である。ものを設計す

4.1 設計の目的と手順

る手順を示すものが設計法であり，その中に設計の道具の整備も含んでいる。設計の道具は計算手法（設計理論）と実験手法のいずれか，または両方である。例えば，磁気ディスク装置（HDD）の磁気ヘッドスライダは空気の流体力を利用してサブミクロンからナノメータの浮上量を得るものであり，その空気浮上量は，われわれが直接目で見るとか触れることができない領域である。しかしながら，スライダを設計するには，見えないものを見えるようにしなければ具体的な数値を決めることができない。試行錯誤だけでは完結しない。スライダ設計に理論計算と実験の両方が重要な役割を果たしている。

具体的に流体軸受を設計する方法および計算手法フローを**図 4.1**に示す。通常のルーチン的設計では，新規なことを開発研究する必要がなく，図に示す破

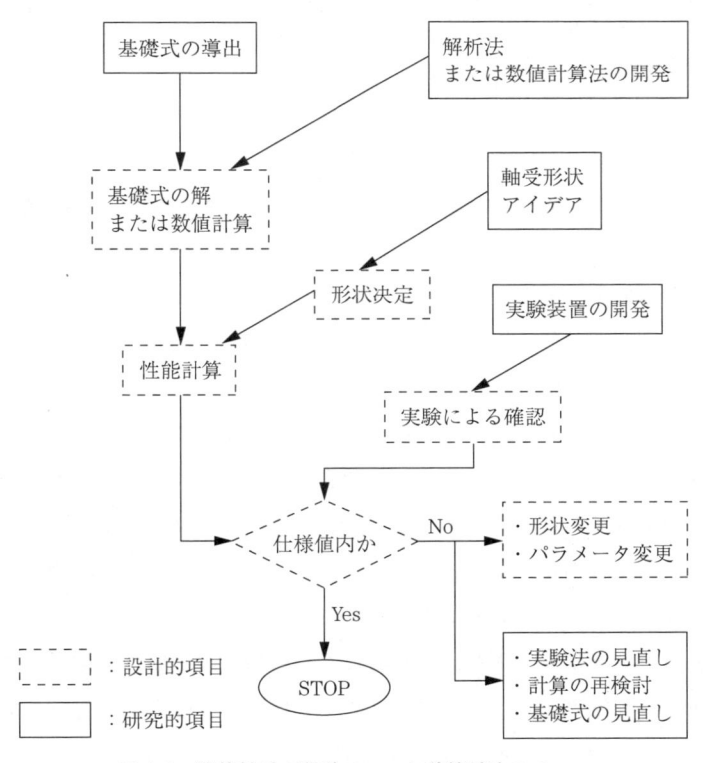

図 4.1 流体軸受の設計フローと計算手法のフロー

線で囲まれた設計的項目を手順に従って行えばよい。ルーチン設計では軸受形状もほぼ同じであるから，仕様を満たすように寸法を少しずつ変えていくつか計算するだけで解は求まるはずである。しかし，いままでに経験がないとか，独創的なものでは，実線で囲まれた研究的要素が新たに必要となる。性能の革新的向上を目指すまったく新しいものでは，アイデアを出し，新しい軸受の構造や形状を新規に考えねばならない。コンピュータをいくら動かしても出てくるものではない。新しいものの形，形状は人間の頭で考え出さねばならない。

形が決まると大きさを決めねばならない。大きさの数値を決めるには計算をする必要がある。従来の設計理論や基礎式があればそれらを利用できる。それらがない場合や不十分である場合は，新たに設計理論を考え，基礎式の導出と解析または数値計算法の開発を行う必要がある。これにより，設計数値としての具体的な解が可能となる。

設計した軸受が目的の性能に達しているかどうかを確認するには，測定して確かめねばならない。市販のものでできればよいが，先端的なものを作るときは，多くの場合それを測定するものがないことが多い。それ故に，測定装置の開発も重要であり，測定装置の開発はおろそかにはできない。

独創的なものを作るには，それが使われる背景を十分に配慮し，アイデアを考え出さねばならない。それを具体化することが設計開発となる。独自に考案した軸受形状について性能計算を行い，机上で十分に性能予測し，形状の最適化を図り，その上で考案設計した軸受またはスライダを試作し，実験によって目的の性能に達しているかどうかを確認する。計算と実験の両方のデータを基に仕様値を満足するかどうかを判定し，満足する場合は生産に展開する。有効なアイデアは特許出願をすべきである。新しい理論や計算手法，測定法は学会などで公開し，さらなる発展に寄与することが望ましい。仕様を未達成の場合は修正設計を実施する。また，数値計算法や解析法の不備，実験手法に問題があれば改良を実施する。こうして，メカトロ機器の性能向上に対応して，流体軸受の設計法の開発と実際の設計が継続的に改良されていくことになる。

4.2 設 計 手 法

　物理現象を正確に把握し，それを定量化するには実験と計算は不即不離のものである。それらを実行する道具として，測定器と数値解法は研究開発だけでなく設計の道具として，つねに最新のものを準備する心掛けが大切である。料理人の包丁のようなものである。用途に応じて切れ味のよい道具を準備すべきである。適切な計算ソフトと測定器は研究・開発・設計の精度とスピードを上げてくれる。それらは市販のものだけでは不十分な場合がある。ソフトの開発，測定器の開発それ自身が研究テーマになるほど重要である。

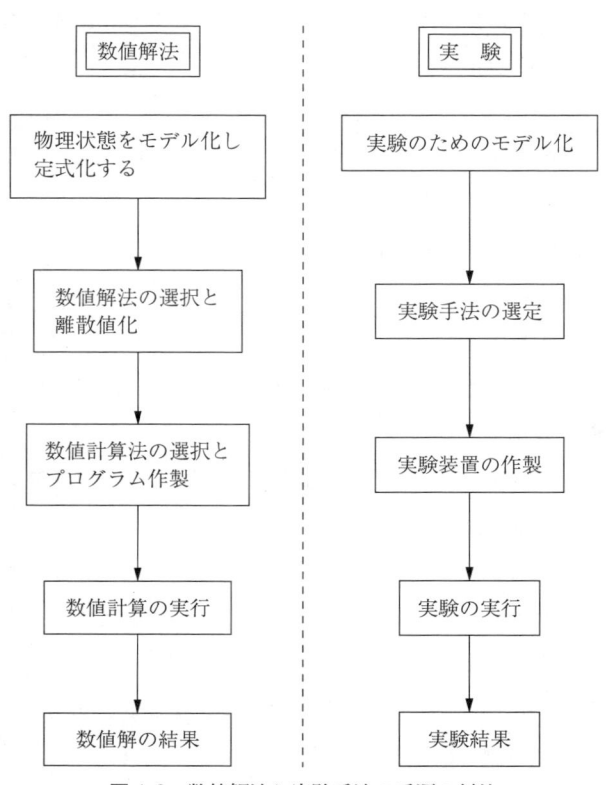

```
    数値解法                実　験

物理状態をモデル化し      実験のためのモデル化
定式化する
    ↓                      ↓
数値解法の選択と         実験手法の選定
離散値化
    ↓                      ↓
数値計算法の選択と       実験装置の作製
プログラム作製
    ↓                      ↓
数値計算の実行           実験の実行
    ↓                      ↓
数値解の結果             実験結果
```

図 4.2　数値解法と実験手法の手順の対比

研究開発または設計手法として，どちらも必須となる計算の数値解法および実験手法を用いるときの手順を図 4.2 に対比して示す。

トライボロジーの設計手法の中で，流体潤滑の数値解析はレイノルズの研究以来，100 年にあまる多くの先人の努力により，進展してきた。この理由として流体潤滑の場合は，圧力発生を担う流体分子の数が非常に大きく，全体をマクロな流体力学の問題ととらえればよいためである。一方，マイクロトライボロジーの研究はまだ始まったばかりである。分子原子の一粒一粒を対象としているため平均化が難しいが，コンピュータの発達に応じて新しい計算法が近年盛んに研究されている。また，測定器では，電子顕微鏡をはじめ，トンネル顕微鏡や分子間引力顕微鏡など，ノーベル賞に輝く新しい測定法が開発されており，原子や分子の挙動を直接目で見ることが可能になった。さらなる今後の計算機の発展や測定法の開拓が望まれている。

4.2.1 数 値 解 法
[1] 数値計算のメリット

計算による性能の予測評価法は，実験に比べて一般に
1) コストが安い
2) 早く結果を出せる
3) パラメータサーベイにより最適解を幅広く探ることができる
4) 繰り返し利用できる

などのメリットがある。このため流体潤滑の問題ではレイノルズの時代から数多くの計算法が開発されてきた。トライボロジーの歴史で述べたように，レイノルズは級数展開法を用い，ゾンマーフェルトは変数変換による解析解を得ている。しかし，近年のコンピュータの発展により，だれでもどこでもできる**数値解法**がひろく採用されるようになった。

数値解法は，解析手法に比べてつぎのようなメリットがある。
1) 一定の手順を踏めば，ある精度内で解が得られる。
2) 複雑な形状の場合にも対応できる。

一部の軸受では性能計算汎用ソフトが市販されている。しかし，メカトロニクス製品である磁気ディスクのスライダ浮上解析設計ソフトは，まだ一部の大学や企業内で開発されているのみで，市販されていない。磁気テープの浮上解析ソフトはまだ研究室レベルであり，実験と計算を併用することによりヘッド形状の設計に利用されている。希薄気体では，潤滑気体の粒子性の影響が大きいためモンテカルロ法などの確率計算法が研究されている。摩擦摩耗のシミュレーション予測に，有限要素法（FEM）や分子運動法（MD）などが近年試みられてきた。現象の定性的説明をする限りにおいては有効と判断されている。潤滑剤の設計では分子運動法（MD）が使われている。

　このようにトライボロジーの分野においてもコンピュータの利用が幅広く行われている。本節では教科書としての紙幅の関係から，潤滑方程式の数値解法に限って述べることにする。

[2]　**数値解法の手順**

　潤滑方程式を解く手順について，そのフローを前出の図4.2で見てみよう。まず，軸受や磁気ディスク用スライダの浮上特性を計算するには，その物理状態を微分方程式などによって定式化しなければならない。流体潤滑の場合には3章の流体潤滑理論によって，その軸受またはスライダに最も適当な潤滑方程式が選ばれる。現状では汎用の潤滑方程式はないので，流体の圧縮性，非圧縮性，定常，非定常など条件に応じて潤滑方程式の使い分けがされている。

　つぎに微分方程式をコンピュータで計算するための離散化が必要となる。この方法には，大きく分けて**差分法**（FDM）と**有限要素法**（FEM）がある。差分法は微分方程式の離散化に最もよく採用されている。そのメリットは差分原理を直観的に理解しやすく，かつ，具体的に差分する方法も比較的簡単なためである。しかし，ステップ軸受のように段差のある形状では微分方程式を機械的に差分化するともとの物理的意味があいまいとなり，正確な数値解が得られないなどの問題がある。この解決策として，潤滑方程式を導く前の段階に戻り，流体の連続の条件を満たすように差分化する方法が考えられている。これをダイバージェンスフォーミュレーション法（divergence formulation）と呼

んでいる。

有限要素法は，上記のような差分法によるネックはなく，数値解の収束性の確実性から最近よく採用される方法である。しかし，この方法は微分方程式を有限要素法の汎関数に変換するか，または，重みつき残差法を用いるなどして，一度数学的変換を要する。数学的変換の定式化は近年いろいろ試みられており，汎用性のある重みつき残差法が一般化しつつある。

最後に数値解を得るために，コンピュータを用いて離散化した式を解くには一般に繰り返し計算の必要がある。繰り返し計算は従来，加速度緩和法が多く用いられてきた。この方法は，ソフトのプログラム化が容易であるため，非圧縮流体である油潤滑軸受や圧縮性流体であっても気体軸受の設計に広く用いられてきた。しかし，軸受内の圧力変化が大きい場合には誤差の累積による収束性の悪化や発散などがあり，収束解を得るのに問題があった。収束性を改善する方法として，**ニュートン・ラプソン法**（Newton-Raphson）が用いられている。この方法によるプログラムは少々複雑となるが，収束性が良いといわれている。初期値の与え方によって発散する場合もあるので，初期値をなるべく最終値に近い形で与える工夫が必要となる。

ニュートン・ラプソン法による数値計算では，曲面の傾きを表す $\partial f_i/\partial p_j$ が頻繁に現れる。収束計算の良しあしはこの計算をいかに行うかにある。

収束計算を繰り返す計算ソフトでは，その解を得ることはなかなか微妙であり，計算が収束しない場合もある。ナノメータオーダの微小浮上量を計算するHDD用スライダや，テープが変形するテープ浮上量計算はなかなか難しい。研究用であればいろいろ工夫し，論文のある特定の範囲で計算できればよい場合もある。論文に計算のみで実験値を載せていないものの中には計算の怪しいものがあり，収束判定の甘いものがあるように思われる。論文の計算値が違っていても実害はないが，実際に物を作る設計計算では正確な答えを出してくれないと困る。さらに，だれが操作しても確実に同じ答えを出してくれないと困る。確実に収束するタフな計算ソフトが必要となる所以である。

HDD用スライダの空気膜浮上量はサブミクロンオーダからナノメータオー

ダに急激に極小化し,さらに従来の単純な2本レールスライダ形状から,後述するマルチパッド負圧スライダのように複雑な形状になるにつれて,それまで使用されてきた計算法では収束解を得ることが困難になってきた。その解決の一つとして,尾高らが開発したスライダ開発用設計ソフトがある[1), 2)]。これはニュートン・ラプソン法を採用し,その際,必要となる微分値の計算に外部パラメータ(スライダの場合,荷重とモーメントのつりあい)に関する変分原理による方程式の解を用いて精密に計算し,パラメータ群および圧力の解を高精度にかつ短時間に算出するものである。図4.3は複雑な形状を持つ負圧スライダの計算をした例である。従来法に比べておよそ1/3の繰り返し回数で収束している。このソフトは工場の設計において20年以上の実績がある。複雑な軸受形状に対応でき,かつ収束が早く,後述(4.2.3項)の実験的証明が示すように,その計算精度は実験値との比較で,浮上量10 nmにおいて5%以下の誤差であることが確かめられている。

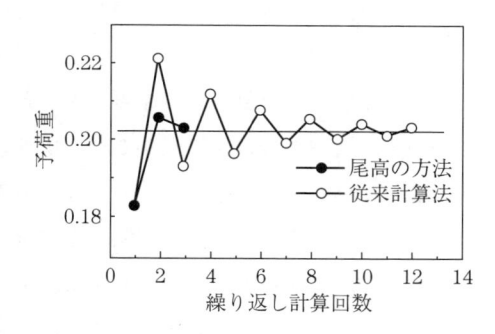

図4.3 尾高の方法と従来計算法の収束状況(4パットスライダの例)

4.2.2 空気浮上量測定法

[1] 精密浮上測定器の必要性

軸受の研究開発では,軸受すきまを直接的に測定することがなによりも増して重要な技術である。ストライベックやハーゼイの時代には,軸が回転している状態で軸受のすきまを正確に測定することが困難であったと思われる。そのため,軸受定数という新しい変数を工夫して,軸受すきまの代わりに用いて軸受の性能評価に活用した。現代はハーゼイの時代以上にすきま測定の重要性が

増している。本節でのその一例として磁気ディスク装置のスライダ浮上量測定について述べることにする。

磁気ディスクスライダは，高速回転するディスク上の非常に薄い空気の層の上に浮上している。磁気記録の原理より，記録密度および電気信号の強さはこの浮上量に大きく影響される。高密度を目指すには，限りなく浮上量を小さくしていくことが要求される。しかし，信頼性の観点からは，ディスクとスライダはできる限り離れているほうが接触の危険が少ない。このように記録密度の向上と信頼性はトレードオフの関係にあり，その時代の技術力に応じた浮上量が決まってきた。その時代の技術力以上を望むとき，スライダが墜落するクラッシュ事故という手痛い反撃を覚悟せねばならなかった。その浮上量は，初期のころは数 μm であったが，現在ではサブミクロンからナノメータオーダになっている。この浮上量は上記のように記録密度と安全性の両面に大きく影響を与えるパラメータであるから，設計および実際上この値を正確に把握することが重要であり，そのためスライダの空気浮上量測定について種々の工夫がされてきた。

実機状態で浮上量を測るには，一定電圧で記録した磁気信号を再生すると，その電気信号は浮上量に比例することから，再生信号の包絡線から浮上すきま変動を測定できる。この方法は実際の磁気媒体を用いて直接浮上すきまの変動を測定できるメリットがあるが，ディスクに一定電圧の信号を記録するには記録時の浮上量変動を十分に小さくする工夫が必要となる。静電容量法は，スライダに静電ピックアップを埋め込み，導電性ディスクとの間の静電容量の変化から浮上量変化を知る方法である。実機状態そのままでは測定できないが，少し手を加えて実機に近い状態で測定できるメリットがある。レーザドップラー法は，実際の磁気媒体を用いてスライダの運動（速度）をレーザドップラー振動計を用いて測定できる。しかし，浮上量を測定するには，スライダの振動速度成分を一度積分し，振動距離にかえ，さらにスライダとディスクの両面の運動の差をとる必要がある。

以上の三方式は実ディスク実ヘッドの測定ができるメリットはあるが，厳密

なスライダ浮上を正確に測定することが困難という共通の問題点がある。これを回避するために，実ディスクにかえて透明なダミーディスクを用いて光干渉法を用いる測定法が多くの場合に採用されている。

［2］ 光干渉法による浮上測定

光干渉法をスライダ浮上測定に適用した原理図を図 4.4（a）に示す。二面から反射してきた光はたがいに干渉して，図（b）のように光の強弱（輝度変化）となって観察される。光が白色光の場合，すきまにより白色干渉の色が変化するため，前もって校正した干渉色とすきまの関係を肉眼で見て判別する。浮上量がおよそ 2 μm から 0.5 μm の場合は色の変化がはっきり見えて判別ができる。しかし，すきまが小さくなり，干渉色を示さず灰色となる場合，灰色の強度からすきまを判別するため，肉眼では誤差が大きくなる傾向にある。

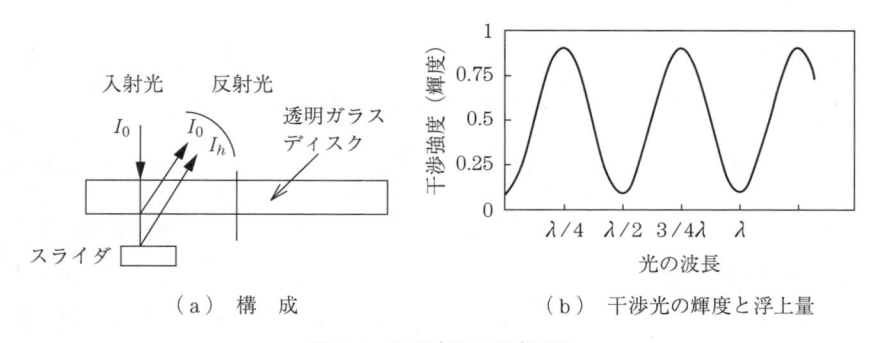

（a） 構　成　　　　　　（b） 干渉光の輝度と浮上量

図 4.4　光干渉法の測定原理

光が単色光の場合，浮上量がつぎに示す波長のとき，黒い干渉じまが現れる。

$$h = \frac{1}{4}\lambda(2i+1) \tag{4.1}$$

ここで λ は入射単色光の波長，i は干渉次数である。実際の測定ではモノクロメータで波長を変えて，同じ所で黒いしまがはっきり出る波長をいくつか試みて浮上量を決める。式 (4.1) において次数 $i = 0$ の場合，$h = (1/4)\lambda$ となる。このとき，波長 λ が可視光の範囲（400 nm＜λ＜720 nm）であると，浮

上量の測定範囲は $100\,\text{nm} < h < 180\,\text{nm}$ となり，100 nm 以下の測定ができなくなる。この対策として可視光でなく紫外光とすると，例えば波長が 200 nm の場合，干渉じまの生じる最小すきま $h = (1/4) \times 200 = 50\,\text{nm}$ となる。

さらに，小さいすきま $h = 0 \sim \lambda/4$ を測定する場合には別の工夫が必要となる。この場合，干渉光は白色干渉と同じく灰色となる。

灰色干渉光から浮上量を推定する方法を以下に述べる。ガラス面の反射率を r，スライダ面の反射率を s とし，浮上すきまに応じた位相差 δ における干渉光の強度 I は，入射光の強度 a^2 で規準化すると

$$I = \frac{|Z|^2}{a^2} = \frac{r^2 + s^2 + 2rs\cos\delta}{1 + r^2 s^2 + 2rs\cos\delta} \tag{4.2}$$

となる。ここで，$\delta = 4\pi h/\lambda$ である。$\delta = 0$，すなわち，すきまが 0 でも

$$I = \frac{r^2 + s^2 + 2rs}{1 + r^2 s^2 + 2rs}$$

となり，実際の干渉光（$r \neq 0$, $s \neq 0$）の強度は有限の値を示す。また，式 (4.2) は $\lambda/2$ を周期とする次式のような擬似正弦波状の強度を示す。

$$I = I_{\min} + \frac{1}{2}(I_{\max} - I_{\min})\sin 2\pi\left(\frac{2h}{\lambda} + 1\right) \tag{4.3}$$

浮上すきま h が $0 \sim \lambda/4$ の範囲では，式 (4.3) を用いて干渉強度 $I_{\min}$ から $I_{\max}$ に相当する強度変化をすきまに変換することにより，原理的にゼロ浮上から測定可能となる。しかしながら，実際の測定では，浮上量 0 における干渉光の強度 $I_{\min}$ と $I_{\max}$ を求めることは簡単なことではない。

静止状態における光強度を検証するために標準すきま計を用いる方法について述べる。**図 4.5**（a）に示すように，約 $1.1\,\mu\text{m}$ の実効段差を持った合成石英製の標準片をつくり，これを磁気ヘッドスライダ材で作ったプレートの上に置き，擬似的に浮上すきまをつくる[3]。図（b）は 200 nm の波長の光で干渉測定した写真である。図（b）の右端側の直線部がすきまがほぼ 0 の位置を示す。その左に現れているのが第 0 次の明干渉じまピークである。この明ピークはすきま距離が測定波長の 1/4 で出現するため，200/4＝50 nm のすきまが見えていることを示している。この明暗の灰色データを用いれば，干渉じまの

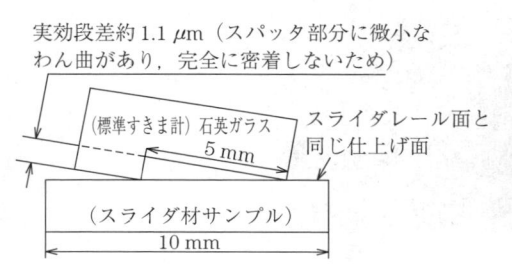

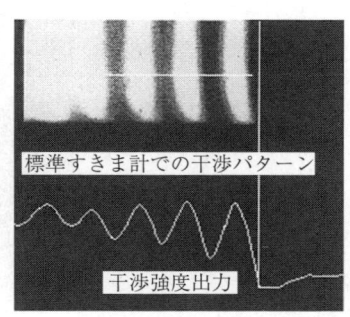

(a) 標準すきま計およびその使用方法 (b) 縦の点線が0すきまの位置，波長200 nmで撮影

図4.5 すきま校正用標準すきま計

白または黒のピークがなくとも，浮上量が50 nm以下から0まで測定できることを示している。

ナノメータオーダの測定で注意すべきことは，光は実際のスライダの表面で完全に反射しないで，表面より少し内側に入ったところから見かけ上反射していることである。すなわち，反射に位相遅れがある。これはゼロ浮上誤差と呼ばれるもので，スライダ材料および光の波長により異なる。この値は5〜20 nmであり，見掛け上，浮上すきまが大きく測定される。スライダ浮上量が300〜500 nmと大きい場合は測定誤差として無視できたが，浮上量が100 nm以下と微小化すると無視できなくなる。実用に際しては，事前にゼロ浮上誤差を測定し，浮上量を修正せねばならない。

[3] 光干渉式浮上測定機の例

著者らが開発した可視光を用いた光干渉式浮上測定機の例をつぎに示す[4]。この方式の特徴は，光干渉じまを画像処理によって精度よく高速処理できることである。静的浮上量のみならず，動的な浮上量変化も測定可能である。外観を図4.6（a）に，概要を図（b）に示す。その仕様は，浮上測定範囲0.1〜2 μm，測定誤差±5 nm，測定周波数範囲0〜2 kHzである。また浮上量ばかりでなくスライダの形状測定にも利用できる。

測定結果の代表的なものを以下に示す。図4.7は，一次滑り流れ潤滑方程式

(a) サブミクロン浮上量測定装置の外観

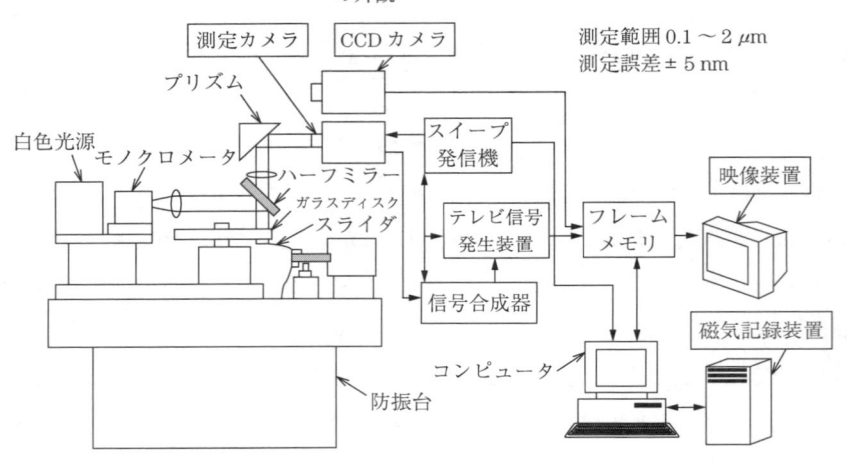

(b) 測定装置の概要

図 4.6 光干渉式浮上測定機

(3.44)の計算値と，この浮上測定器で測定した値を比較したものである。ディスク速度が 10 m/s 以下となり，浮上量が 150 nm（0.15 μm）以下になると測定値は理論値とずれる傾向を示している。この測定結果はその後のナノメータ浮上における理論式を見直すきっかけになった実験結果である。干渉色や干渉じまを肉眼で観察し，浮上量を測定する従来の方法では，このような微小な違いを判定できなかった。

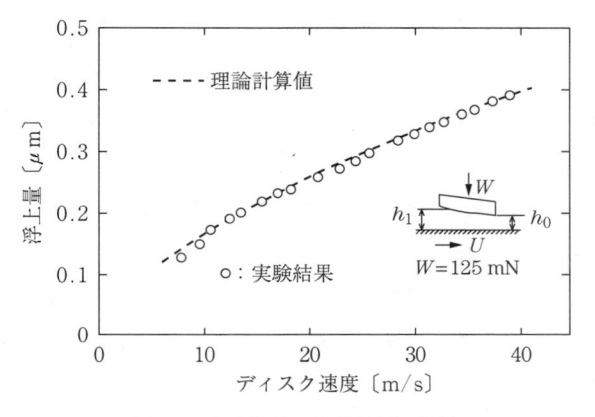

図 4.7 浮上実験と理論計算の比較

スライダの動特性の測定例として**図 4.8**を示す。スライダを軽く打撃したときの過渡的な浮上量変化を測定したものである。振動の減衰が大きいことを示している。

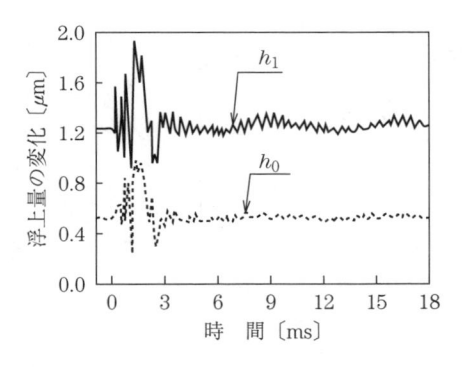

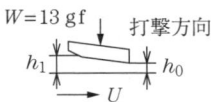

図 4.8 スライダ打撃加振による動特性測定

4.2.3 理論計算値の実験的検証

図 4.7 より，浮上量が小さくなると従来の理論式が浮上量を正確に予測することが不十分であることを示した。そこで，理論式の限界を実験的に確かめる必要が生じた。以下に竹内らによって行われた検証結果を示す[5]。

測定機は，前節の図 4.6 に示す光干渉式浮上測定機を用いた。ナノメータオーダの浮上量を検証するため，雰囲気圧力を下げることにより，擬似的な低

浮上状態とした。浮上スライダをディスク装置ごと真空槽に入れて，減圧状態で実験した。これは，雰囲気圧力を下げることにより，空気の分子平均自由行程が大きくなり，大きな浮上量でも大気圧に換算すると等価的に低浮上量となるからである。理論計算値はそれぞれの仮定に基づく潤滑方程式，（1）一次滑り流れ方程式（3.45），（2）二次滑り流れ方程式，（3）線形化ボルツマン方程式（3.46）から計算した。

ディスク速度を一定にして雰囲気圧力を下げたときの測定値と理論計算値を図4.9に示す。線形化ボルツマン方程式に基づく理論計算値は大気圧から低圧において良い一致をみている。

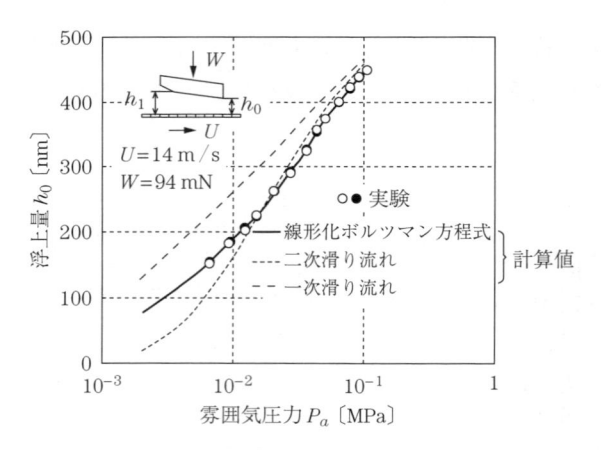

図4.9 雰囲気圧力と浮上量の関係

これらのデータを書き直し，クヌーセン数に対する実験値と理論値の相対誤差 E を図4.10に示す。相対誤差 E は式（4.4）のように定義する。ここに浮上量は，ゼロ浮上量誤差を考慮し，補正した浮上量の実験値（h_{oe}），各解析法の数値計算予測値（h_{ot}）である。横軸は代表長さを実験値（h_{oe}）としたときのクヌーセン数 M_a である。λ_a は減圧雰囲気下における分子平均自由行程である。また，常温常圧の空気の分子平均自由行程を λ_0 とすると，式（4.5）で常温常圧の空気に換算した浮上量（h_{oc}）も併記した。

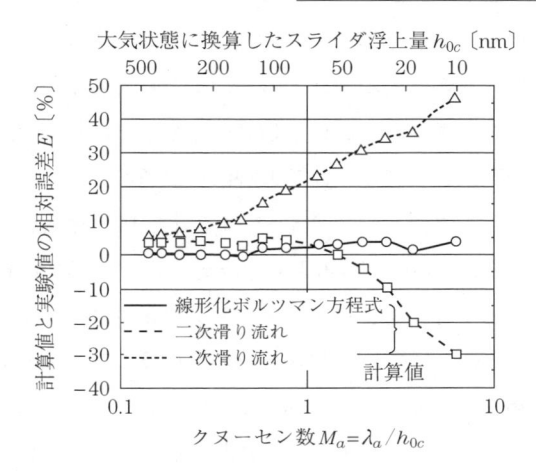

図 4.10 スライダ浮上量の測定と理論計算値の相対誤差

$$E = \frac{h_{0t} - h_{0e}}{h_{0e}} \times 100 \,[\%] \tag{4.4}$$

$$h_{0c} = \frac{\lambda_0}{M_a} \tag{4.5}$$

線形化ボルツマン法による計算値は，小さなクヌーセン数領域から大きなクヌーセン数領域まで予測誤差が小さい値を示している．実験した最小圧力（クヌーセン数 $M_a \leqq 6$ あるいは常温常圧空気浮上量換算で 10 nm に相当する）において，予測誤差5％以内で予測可能であることがわかった．以上の結果より，ナノメータ浮上スライダの設計において，サブミクロン浮上スライダで有効であった一次および二次滑り近似法の予測誤差は大きく実用的でなく，線形化ボルツマン法が推奨されることを実証した．

4.3 実際の設計事例

本節では，著者らが経験した流体軸受およびその同類である磁気ディスク装置スライダと磁気テープ装置のヘッド形状の研究開発事例について述べることにする．

112　4.　メカトロニクスにおける流体潤滑設計の実際

　ここで述べるヘリウム液化機タービン用気体軸受（4.3.3項）は，回転体を支えるという古典的な軸受の範疇に入るものである。しかし，これらは超低振動が要求されるとか，極低温における超高速回転など，従来の軸受に比べて格段の性能アップを要求されており，その解決には新しいアイデアが必要であった。一方，磁気ディスク装置のスライダ（4.3.1項）や磁気テープ装置のヘッド形状（4.3.2項）は，動いているものを支えるという軸受の機能とは少し異なり，ある物体間のすきまをナノメータオーダで精密にコントロールするというものである。すなわち，理想のすきま特性を得るという新しい機能や働きを生み出すものであり，機能性軸受と称してよいものである。決まりきった軸受形状から脱却し，新しいアイデアが要求される。これらの作動原理は従来の流体軸受とまったく同じであるが，要求される機能は従来の荷重を支えるという軸受から脱皮したものといえる。

4.3.1　磁気ディスク装置磁気ヘッドスライダの形状設計
［1］　磁気ディスク装置の小型化と記録密度の高度化

　磁気ディスク装置（HDD）の歴史は，記憶容量の大容量化と装置の小型化の連続である。小型化はディスク径の小型化でもある。大型コンピュータの時代は 14 インチ径ディスク装置（図 4.11）が主流であった。その後，急激に小さくなり，いまでは 1 インチ径以下の磁気ディスク装置がコンシューマ用携帯機器やパソコンに使われている。記憶量の大容量化は高密度化であり，それは磁気記録の必然として，磁気ヘッドと磁気ディスクのすきま（スペーシングと呼ぶ）極小化の追求である。記録密度と浮上量の年変化を図 4.12 に示す。初期のころ（1960 年代）の浮上量は μm オーダであったが，1980 年代に入るとそれより 1 けた小さいサブミクロンオーダとなり，2000 年代以降は数十 nm とさらに 1 けた小さいスペーシングとなっている。今後，浮上量は 10 nm 以下になるのが当然のようにいわれている。年々厳しくなる浮上量の微小化という要求を満たすために，先輩の技術者たちは種々工夫をしてきた。スライダ形状の変遷の様子を図 4.13 に示す。

4.3 実際の設計事例

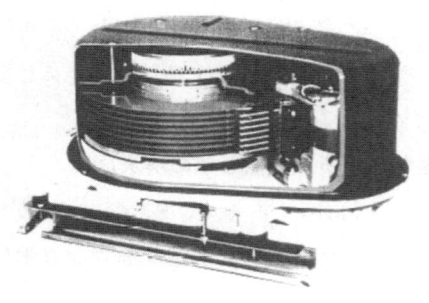

図 4.11 大型(ディスク径 14 インチ)磁気ディスク装置

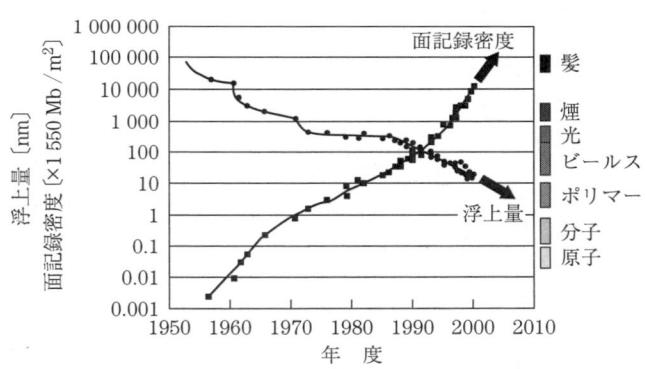

図 4.12 記録密度と浮上量の年変化

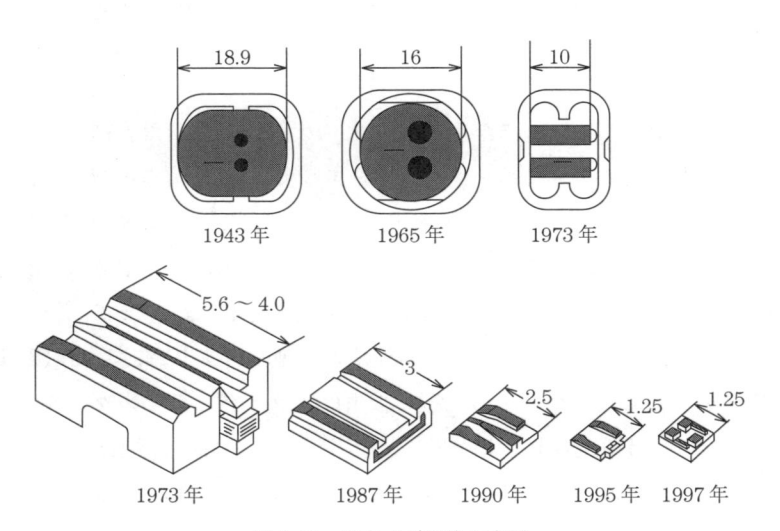

図 4.13 スライダ形状の変遷

さらなる要求を満たすには，経験による試行錯誤的設計ではまったく不可能となり，系統的な設計手法が必要となってきた。理想の浮上特性をいかにして得るかについて，ナノメータ浮上スライダの設計手順を述べる。

[２] 理想の浮上特性Ｉ（HDD小型化による問題点とその解決）[6]

HDDの小型化と低コスト化というニーズに応えるため，磁気ヘッドのトラック位置決めアクチュエータが，図4.14に示すように大型で高価な直動型からコンパクトで製造が容易な揺動型に変わった。

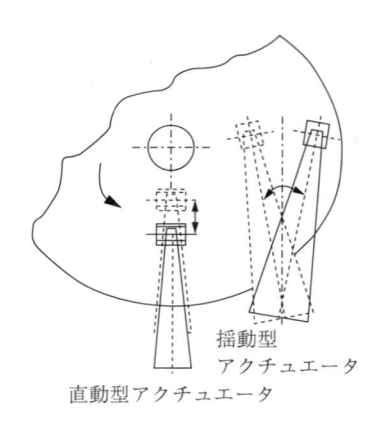

図4.14 位置決めアクチュエータの直動型と揺動型の動作概念図

この変更により，スライダ浮上特性に大きな問題が生じた。図に示すように，従来の直動型アクチュエータの場合，スライダに流入する空気の流れはディスクと平行であり，スライダに直角に流入する。しかし，揺動型アクチュエータでは，アクセス位置が変わると，スライダに流入する空気の流れ角度（ヨー角と呼ぶ）が変化することになる。この角度変化によってスライダの浮上量が急激に減少することを発見し，実験および理論により確認した（図4.15の曲線ＢおよびＣ）[6]。浮上量の急激な減少はスライダとディスクの衝突の危険が増すため，信頼性の上で大問題となる。そこで，理想の浮上パターンを想定してみると，理想は図4.15に示す直線Ａのようにヨー角にかかわらず，浮上量が一定となることである。

4.3 実際の設計事例

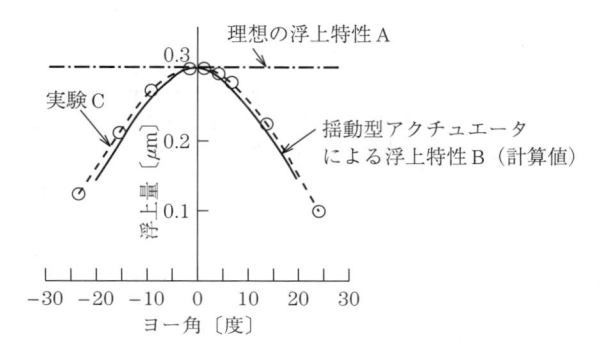

図 4.15 ヨー角による浮上量の低下と理想の浮上特性

　この要件を満たすアイデアは 1980 年に竹内，田中らによって考案され，特許出願されている[7]〜[9]。これらのアイデアは，流体潤滑理論とその理論を基本とした流体潤滑軸受形状から発想された発明である。

　ヨー角による浮上量低下という現象を改善する方法として，いくつかスライダ形状を工夫したものの中から効果の大きい三例を**図 4.16** に示す。まず考えついたのはサイドテーパスライダ（図（a））である。浮上量が低下するのは流体潤滑作用が不十分であるのではないかと考え，潤滑作用を向上させるスライダ形状を工夫することにした。スライダが流れに対して斜めに傾いているので，傾いているレールのサイドに最も簡単な傾斜軸受を設けることを考えた。これがサイドテーパスライダである。これはスライダのレールの両サイドに傾斜（サイドテーパ）をつけたものである。原理は傾斜平面軸受（図 3.15）である。サイドテーパスライダの浮上特性を**図 4.17**（a）に示す。テーパ角を小さくするにつれて浮上量の低下の程度が減少している。

　つぎのサイドステップスライダは図 4.16（b）に示すように，サイドテーパスライダのバリエーションである。レールの両サイドに段差（サイドステップ）を設けたものである。原理はステップ軸受（図 3.18）である。その浮上量は図 4.17（b）に示すようにサイドステップの溝深さを浅くするにつれてヨー角特性が改善されている。

　4 パッドスライダ（図 4.16（c））はレールをパッド形に分割して，軸受圧

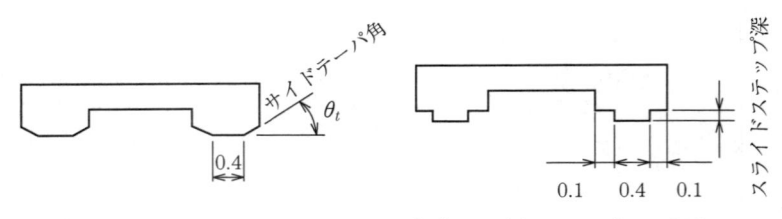

(a) サイドテーパスライダレール断面形状　　サイドテーパ角 θ_t　0.4

(b) サイドステップスライダレール断面形状　0.1　0.4　0.1　スライドステップ深

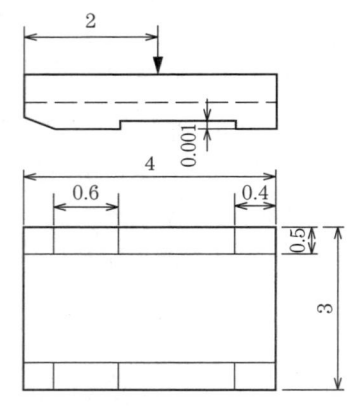

(c) 4パッドスライダ形状　2　0.001　4　0.6　0.4　0.5　3

図 4.16　対ヨー角スライダアイデア

力の発生をそれぞれのパッドに分割発生させ，空気の流入角による影響を少なくしようと意図して考案されたものである。図 4.17（c）に 4 パッドスライダの浮上特性の計算と実験の結果を示す。

図 4.17 の結果から，いずれも 20°という大きな傾き角（ヨー角）に対してもほぼ一定の浮上すきまを保持している。これらのアイデアによって揺動アクチュエータの採用が可能となり，HDD の超小型化が可能となった。サイドステップとパッド型スライダの基本的特許は，1990 年以降，全世界の小型 HDD のスライダに採用されている。磁気ヘッドスライダ形状の歴史の中で日本発特許で唯一全世界で採用されているものといえる。

4.3 実際の設計事例　*117*

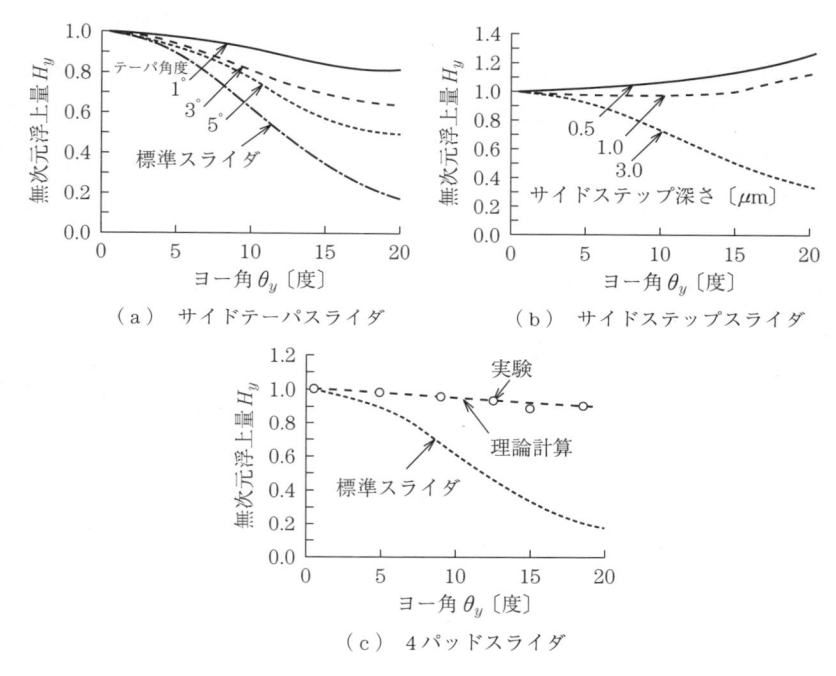

図4.17　対ヨー角スライダの浮上特性

[3] 理想の浮上特性II（浮上の不安定とその解決法）[10]

浮上量の極微小化によりスライダの不安定（自励）振動が発生する可能性を田中らにより指摘された[10]。**図4.18**はHDD内の雰囲気圧力を大気圧より下げた状態で実験中に生じた自励振動するスライダの電気信号である。スライダはそのピッチング共振振動数でリミットサイクル的に自励振動している。この

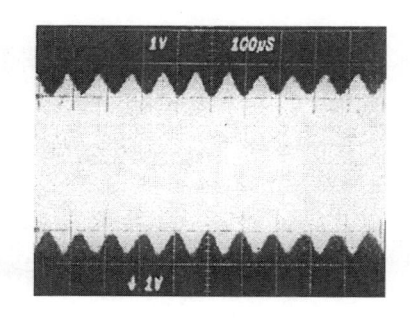

図4.18　不安定状態における磁気ヘッドの電気出力

現象を解明し，安定限界を知るために，スライダ振動系の安定判別を行い，安定化の条件を明らかにした．スライダの振動モデルを**図 4.19** に示す．安定判別の結果を**図 4.20** に示す．浮上量が小さくなるにつれて，スライダ長さが長いと，不安定になることを明らかにした．スライダ長の短小化は，空気の圧縮性の影響を小さくすることができ，またスライダの質量や慣性モーメントを小さくするという二つの効果がある．すなわち，安定化対策としてスライダの小型化が必要であることを示している．サブミクロン浮上の時代にはスライダ長さは 4〜6 mm であった．その後は図 4.13 が示すようにしだいに小さくなり，ナノメータ浮上の時代になると，スライダ長さは 1 mm 前後と非常に小型化した．

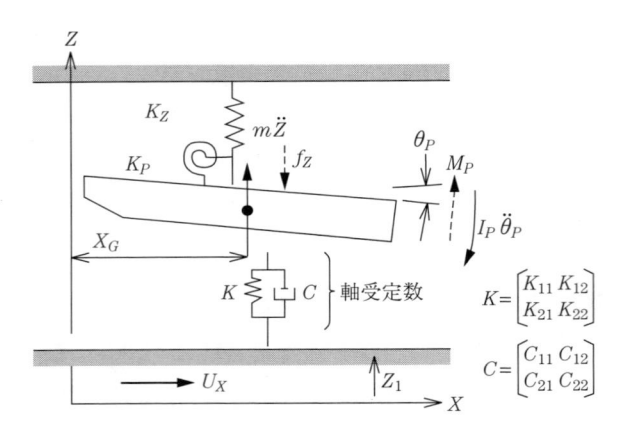

図 4.19 2 自由度スライダの動き

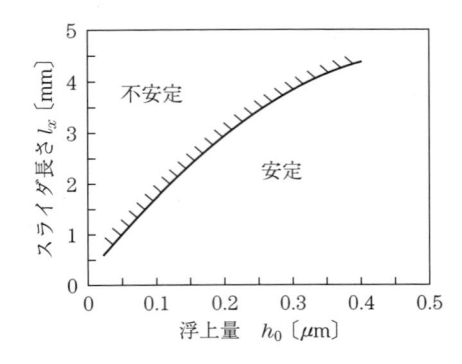

図 4.20 スライダ長さと安定線図

[4] 理想の浮上特性Ⅲ（高密度記録による問題点とその解決法)[11]

　磁気ディスクは高密度化のため，従来の磁性粉塗付型ディスクから連続媒体スパッタディスクに，近年ドラスティックに変わった。スパッタディスク磁気記録における，理想の浮上特性は図4.21の曲線Aに示すようにディスクの内外周の速度差による浮上量変化を小さくすることが要求され，そのため負圧スライダが採用された。負圧スライダは図4.22（b）に示すように，正圧を発生するスライダレールの間に負圧が発生する負圧ポケットを設けている。正圧と負圧により合成された軸受荷重が，スライダを押し付けるばね力とつりあう浮上量でバランスする。負圧スライダはもともとスライダの追従特性を良くする目的で考案されたが，負圧スライダの浮上特性Cは理想の浮上特性Aに近いものである。

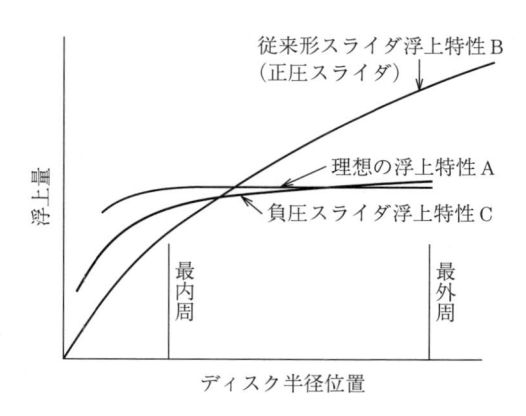

図4.21　理想の浮上特性

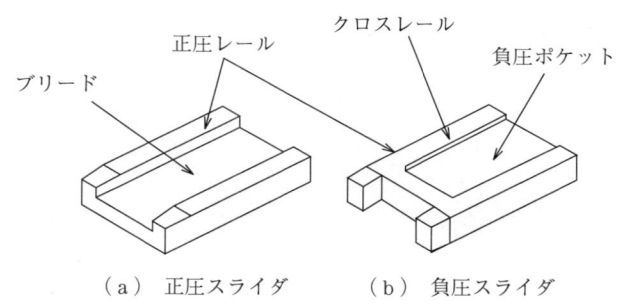

（a）正圧スライダ　　（b）負圧スライダ

図4.22　スライダ形状

一方，負圧スライダは，正圧と負圧のバランスの上に成り立っているため，その設計は少し慎重を要することになる。図 4.23 に示すように，負圧スライダは浮上条件により，高浮上モードと低浮上モードというヒステリシス不安定現象があることが田中らにより報告されている[11]。ヒステリシスモードでは，ディスクが速度を増すとき，スライダの浮上量は $a>b>c>d$ と変化し，減速するときは $d>c>e>f>a$ と変わる。$b>c$ および $e>f$ では浮上量が急激に変わる跳躍現象を示す。このような浮上特性は磁気記録の特性上好ましくなく，つねに低浮上のみとなるようにスライダ形状を設計せねばならない。

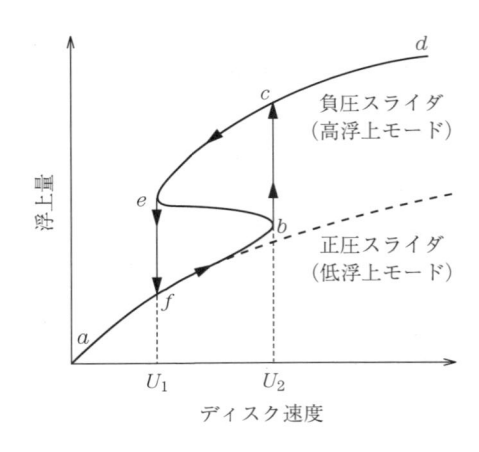

図 4.23 スライダ浮上のヒステリシス現象（高浮上モードと低浮上モード）

負圧スライダに高浮上モードが発生する理由を図 4.24 を用いて説明する。正常な負圧スライダは圧力分布の計算結果（図（a））のように負圧ポケット

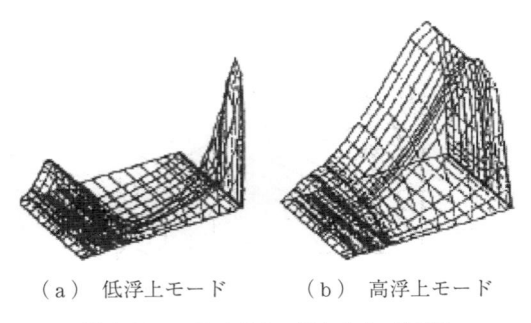

（a）低浮上モード　　（b）高浮上モード

図 4.24 スライダ内の圧力分布（計算）

が設計どおり負圧を示す。一方，高浮上モードでは，逆ステップ部のすきまが過大となり，負圧ポケット部分である逆ステップのすきまが正のくさび形状になって，図（b）のように負圧発生より正圧が大きくなったためである。この防止策として高浮上モードが生じないために，負圧ポケットがつねに負圧になるスライダ形状と機構を工夫する必要がある。実際の設計では，ピボット位置が安定性に大きく影響していることがわかり，その対策をしている。

[5] ナノメータ空気浮上スライダの設計指針と実用例[12), 13)]

小型・大容量・低コスト HDD への製品転換を受けて，スライダはサブミクロン浮上から，ナノメータ浮上へと大きく変化した。スライダ形状を設計するには，製品コンセプトから導かれたナノメータ浮上スライダの設計方針，それを実現する技術の方向性，具体的な採用技術とその問題点，問題解決のアイデア，などを論理的に解決していかねばならない。前述したナノメータ浮上スライダの理想の浮上特性Ⅰ，Ⅱ，Ⅲを満たす設計指針として，以下の三点を竹内，田中は提案した[12), 13)]。

1) サイドステップ付きスライダ
2) 小型マルチパッドスライダ
3) 低浮上モード優位負圧スライダ

これらの設計指針を踏襲したサイドステップ付きマルチパッドスライダと負圧スライダを組み合わせたスライダ（サイドステップ4パッド負圧スライダ，**図4.25**）が木村，竹内らによって発明（1990年出願）された[14)]。実際の製品はこの変形であるサイドステップ3パッド負圧スライダ（**図4.26**）がドリウ

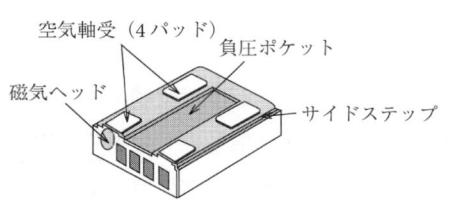

図4.25 サイドステップ4パッド負圧スライダ（木村，竹内（1990年））

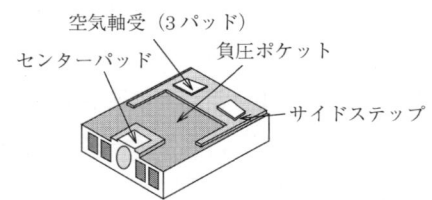

図4.26 サイドステップ3パッド負圧スライダ（ドリウス（1996年））

スにより発明（1996年出願）され，これがナノメータ浮上スライダの主流となって現在世界に流通している[15]。

なお，米国のホワイトから1987年以降出願されている，いわゆるTPC（transverse pressure contour）スライダ特許[16]と称するものは，著者らの対ヨー角スライダの特許が1981年に出願され，1982年に公開されてからその代案として，米国で数値限定特許として出願されたものである。これは日本にも出願されたが，著者らの特許が先に出ているため拒絶査定を受けている。対ヨー角スライダのオリジナル特許は前述した三件の特許であることは明らかである。また，現流の3パッドスライダは明らかに4パッドスライダのバリエーションであり，サイドステップマルチパッド負圧スライダ特許は竹内，木村らの特許がオリジナルであるといえる。

4.3.2　磁気テープ装置磁気ヘッドの形状設計[17), 18]

[1]　磁気テープ装置の概要

磁気テープ装置は磁気テープ上に情報を記録するものである。その仲間には音を録音するテープレコーダ，画像を録音するビデオレコーダ（VTR）がある。コンピュータに用いられる磁気テープ装置はディジタル信号を記録するものである。コンピュータ用磁気テープ装置は，記録保存のコストが安く，保存の安全性も比較的良いため，データのバックアップとして現在においても広く用いられている。

オープンリール方式磁気テープ装置を図4.27に示す。図（a）はその外観，図（b）は磁気テープ装置用磁気ヘッドである。磁気テープは，書込み読出し用の磁気ヘッドの上を高速（2～5 m/s）で走行する。この速度はテープレコーダの100倍以上の速度であり，テープとヘッドが直接接触すると急速にヘッドが摩擦し，またテープもダメージを受け，記録信号のドロップ現象が起こる。ヘッド摩耗を防止するため，テープはヘッド上を非常に薄い空気膜を介して走行している。テープとヘッド間の薄い空気膜は磁気ディスク装置と同じように空気潤滑されている。磁気テープ浮上の特殊性は，テープがフレキシ

4.3 実際の設計事例　123

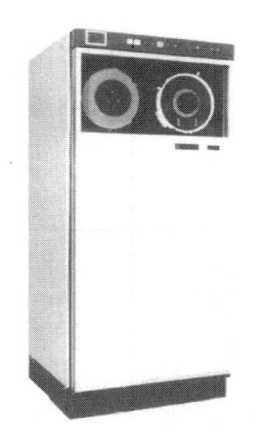

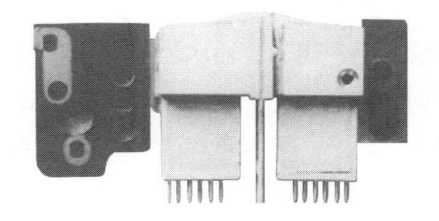

（a）コンピュータ用高速　　（b）磁気テープ装置用磁気ヘッド
　　　磁気テープ装置

図 4.27　オープンリール方式磁気テープ装置

ブルな可撓性をもつため非常にたわみやすく変形しやすいが，テープの曲げ剛性を無視することができないことである．剛性を持ち，変形しやすいテープをコントロールして，磁気記録に適した浮上特性を持つようにヘッド形状等を設計することが技術的な課題である．

[2]　理想のテープ浮上特性

　テープ浮上の模式図を図 4.28 に示す．磁気テープは一定張力で引っ張られながら，磁気ヘッド上を走行する．ここで理想のテープ浮上特性について考えてみよう．第一の要求は，磁気記録が安定にできるには適正な微小浮上量であ

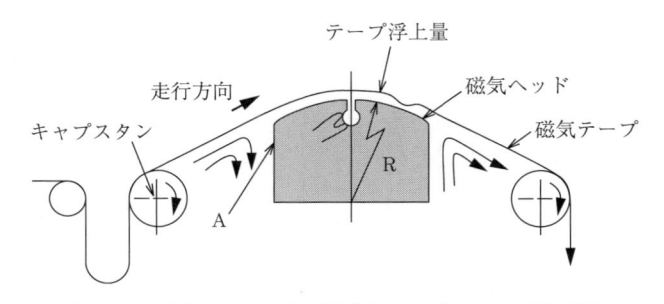

図 4.28　磁気ヘッド上を浮上走行する磁気テープ模式図

ることである。浮上量が小さすぎるとテープとヘッドが接触し，前述のような摩耗等の問題が生じる。浮上量が大きくなりすぎると磁気記録ができなくなる。適正なテープ浮上量を保持することが第一の要件である。第二の要件は，テープの互換性の問題である。テープ駆動装置の特性のバラツキやテープ張力や速度などの運転条件の違い，また交換した磁気テープのメーカによるテープの機械的性質（厚さ，曲げ剛性率など）の違いがあっても，ある限度内でそれらの誤差を吸収し，テープ浮上量が変化せず，安定に記録できるロバスト性が配慮されていることである。すなわち，運転時の種々の条件（パラメータ）の許容値（公差）内であれば，正しく読み書きができなければならない。

以上の要件を模式的に描くと，つぎのようになる。テープ浮上の浮上パターンは図 4.29 のように種々想定される。曲線 A に示す浮上特性は，浮上量が適切でかつ一定浮上量の範囲が適度にあり，パラメータ変動に強い理想の浮上パターンであるといえる。曲線 B は浮上量が大きくて不可である。曲線 C は局部的に浮上量が小さいが，平坦な部分がない。パラメータ変動により曲線 C′ のように変化するとヘッドギャップ位置における浮上量が大きく変動する恐れがある。

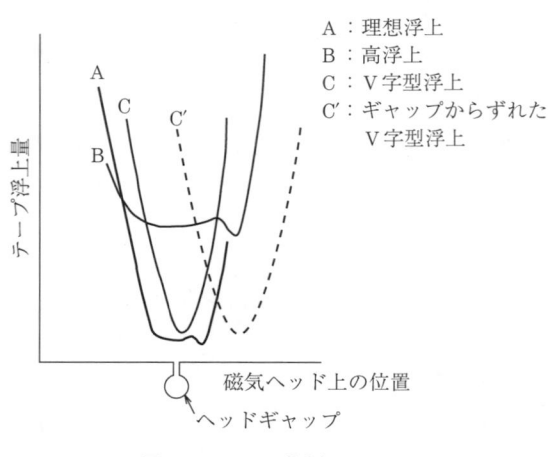

図 4.29 テープ浮上パターン

A：理想浮上
B：高浮上
C：V字型浮上
C′：ギャップからずれた V字型浮上

[3] テープ浮上の理論解析

　ヘッドは変形しないが，テープはヘッドとテープの間に発生する流体圧力により弾性変形し，その変形によってさらに圧力が変わる。そのため，テープ浮上の問題はテープの弾性変形を考慮して解析をする必要がある。浮上に関与するパラメータが多く，単純にその浮上特性を評価することが難しい。そのようなときに単純化した理論計算は全体の様子を把握する確実な手段である。すなわち，図4.29の曲線Aのような理想のテープ浮上を満たすには，磁気テープ装置の仕様（テープ速度，テープ張力），磁気テープの機械的特性（テープ厚さ，テープの曲げ弾性係数），潤滑剤である空気の特性（大気圧，空気の粘性，空気分子の自由行程）など，多くのパラメータ変動に対応できる磁気ヘッド形状の設計が必要となる。複雑多岐なパラメータを整理理解し，ヘッド形状設計するには理論的な援助が必要である。従来のテープ浮上解析の例は，テープの曲げ剛性を無視したものについてあるが，これは実際のテープ浮上状態を正確に予測できないため，田中らは新たにテープ浮上に大きな影響を与えるテープの曲げ剛性を考慮した解析を行った[17), 18)]。テープ浮上の基礎方程式は3章のフォイル軸受の基礎式（3.54）および（3.55）を連立して解くことに帰着する。本解析ではテープ曲げ剛性を含むテープの変形を，影響係数で表すという新しい数値計算法を考案した。従来の計算法では，計算途中で発散したり計算精度が不足するなどのため，テープ曲げ剛性の影響を計算することが困難であったが，影響係数を用いる新しい計算法により可能となった。

[4] テープ浮上測定

　テープ浮上量は1 μm以下のいわゆるサブミクロン浮上の状態である。この微小量を精度よく測定するために本例ではテープ浮上量の測定に，光干渉法の原理を適用した。光干渉法による測定では，光を透過させる必要があり，ヘッドまたはテープのいずれか一方で透明なものを使用する必要がある。本例ではガラス製透明ヘッドと透明テープの両方で実験を行っている。

　図4.30にテープ浮上量測定装置を示す。テープ駆動装置は実際の磁気テープ装置の一部を改造して使用している。テープ浮上量を表す干渉じま画像か

図 4.30 テープ浮上量測定装置

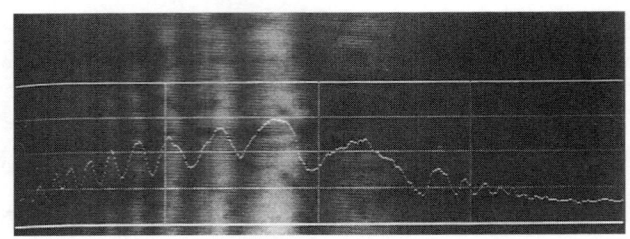

（a） 干渉じまと電気出力に変換した例

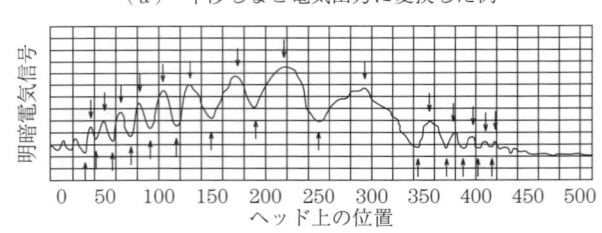

（b） 干渉じまピーク位置検出の例

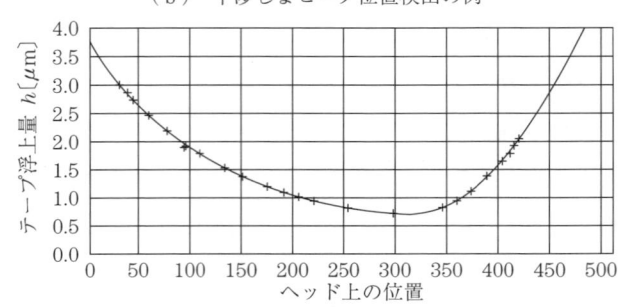

（c） テープ浮上実験装置の画像処理出力の例

図 4.31 テープ浮上量の測定例

ら，実際の浮上量を算出する画像処理装置はスライダ浮上装置（図 4.5）と同じである．

テープ浮上量の測定例を図 **4.31** に示す．干渉じまはカメラで画像情報に変換される．単色光で撮影した干渉じま写真の一例を図（a）に示す．テレビ画面上にオーバーレイして示した干渉じまの明暗に応じた出力は正弦波状に変化している．コンピュータ処理により，明暗両方の干渉じまのピーク位置検出と，ピーク位置での浮上量計算を行う．図（b）はコンピュータによって干渉じまのピーク位置を検出した例である．矢印がピーク位置を示す．干渉じまの浮上量は多項式補間により滑らかな曲線で近似し，作図出力する．図（c）はテープ浮上パターンの出力の一例である．

[5] **計算結果と実験結果の比較**

計算結果と実験結果をつぎに示す．

（a）**円筒ヘッドの場合**　ヘッドキャップ位置の浮上量 h_0 と最小浮上量 $h_{\min}$ に注目して，テープ曲げ剛性の関係を整理した計算結果と実験データを図 **4.32** に示す．実験値は計算値より 20％程度低い値になっている理由は，テー

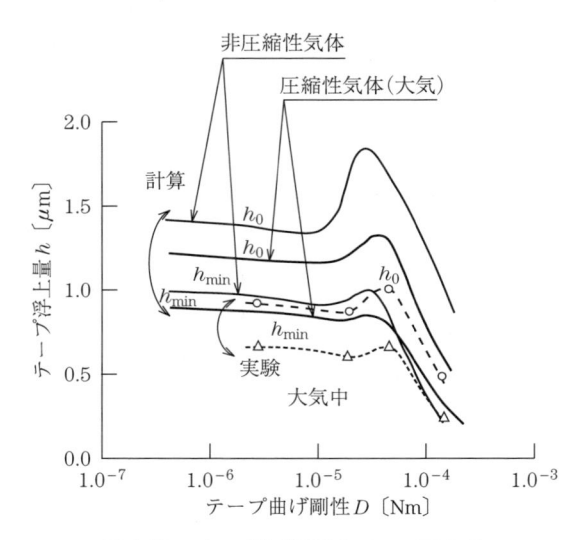

図 4.32　テープ曲げ剛性とテープ浮上量
（計算と実験の比較）

プ幅の影響と思われる。テープ曲げ剛性が大きくなるにつれてテープ浮上量が複雑に変化し、あるテープ曲げ剛性以上では浮上量が急激に低下することを明瞭に示している。

計算と実験の結果からわかったことは、テープ曲げ剛性の影響によってテープの浮上パターンが大きく変化することである。それらを模式的に図 **4.33**（a），（b）に示す。テープの曲げ剛性が大きくなるとU字型浮上パターンから、W字型，V字型へと変化している。それにつれてヘッドキャップ位置（$x = x_g$）における浮上量が大きく変化している。

（a）テープの曲げ剛性と浮上量モデル

（b）テープ浮上パターンの種類

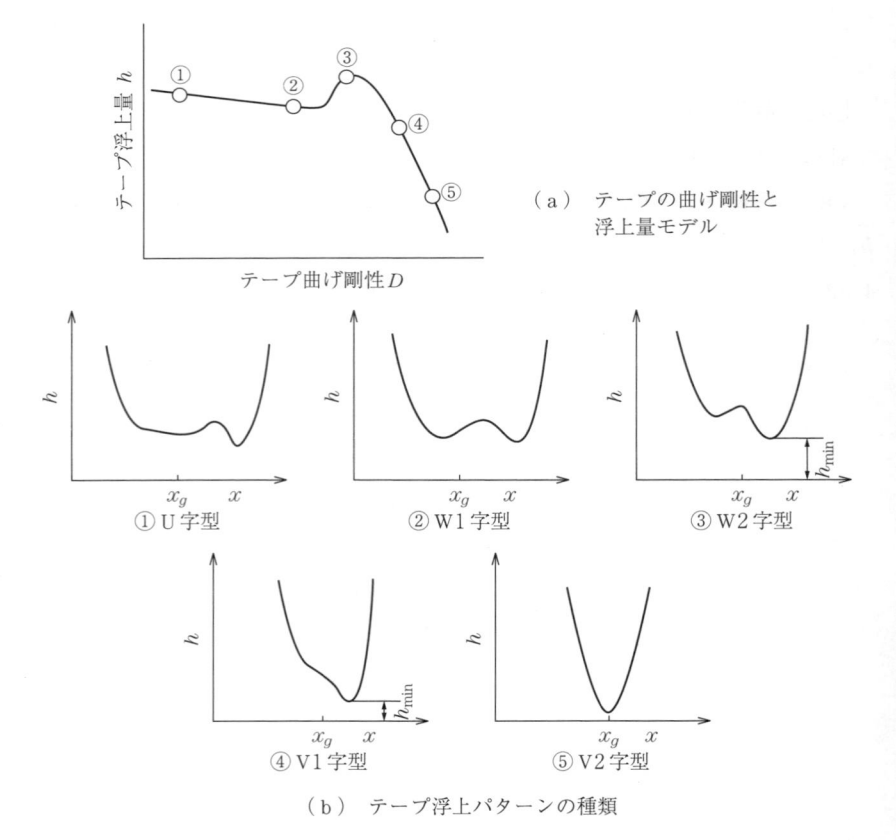

図 **4.33** テープ曲げ剛性とテープ浮上パターンの変化

（b） 非円筒ヘッドの場合

円筒ヘッド形状において，テープ曲げ剛性が大きい一部の市販磁気テープは，与えられた条件で理想の浮上パターン（図 4.29 の曲線 A）を満たすものがなかった．そこで理想の浮上パターンを満足させるためにヘッド形状の最適化を試みた．ヘッド形状は基本的には円筒形状ではあるが，円筒の入り口と出口の部分を平面とし，ヘッド頂点の円筒部の長さを短くした．このような形状にした理由は，ヘッド上の流体潤滑領域をコントロールすることにより，浮上パターンを変えることを意図したものである．図 4.34 に示す非円筒ヘッド形状について計算を行った．このヘッド形状は円筒ヘッドの流入側と流出側を傾斜平面としたもので，フラットカットヘッドと呼称した．流体潤滑的には流入側の形状が浮上特性に大きく影響し，流出側の形状の影響は少ない．それで流入側の形状だけを変えればよいのであるが，磁気テープ装置は正転と逆転の両方向の運転をするため，ヘッドの両側をカットし，対称にした．

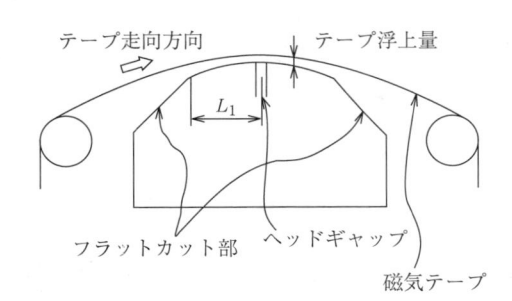

図 4.34　フラットカットヘッド

パラメータを種々変えて計算した結果，カット部分を大きくし，円筒部分を小さくしていくと，浮上量が低下することがわかった．またテープ曲げ剛性を変えた場合には U 字型から V 字型に変化していることがわかった．円筒部の長さ L_1 とテープ曲げ剛性を種々変えて浮上量を計算し，これらの理論計算によって円筒部の長さ L_1 を変えることにより，浮上量と浮上パターンをコントロールできることがわかった．

［6］ ヘッド形状の最適化と実機への適用

ヘッド形状を変更することにより改善した例をつぎに示す。図 4.35 は実際の磁気ヘッドモデルの浮上特性計算と実験との比較である。ヘッド上ではテープ浮上量はおよそ $0.5~\mu$m とほぼ一定の値を示しており，その平坦部分はほぼフラットカットヘッドの円筒部分の全域となっている。すなわちヘッド形状をフラットカット形状することにより，低浮上量フラット浮上という目的を達成することができることを示している。

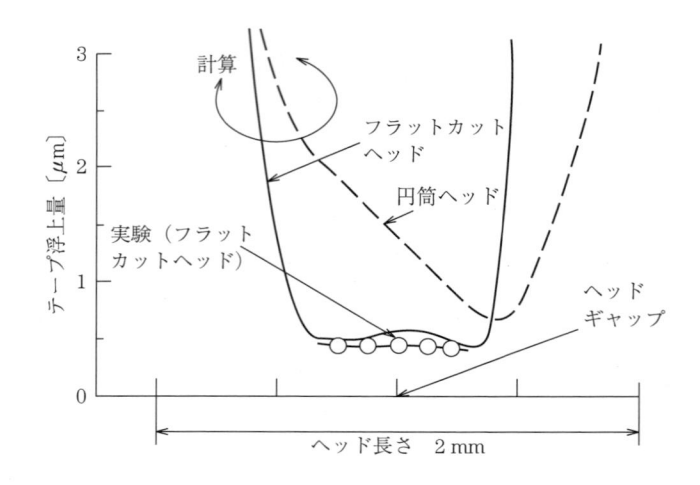

図 4.35 フラットカットヘッドの効果

実際の磁気テープ用ヘッドは，トラックごとに溝を入れた複雑な形状をしている。このため，精密な計算をするには三次元的な計算が必要になる。しかし，現状ではテープ浮上計算技術が未熟なため，不完全な計算しかできない状態である。そこで，実際のヘッド形状設計では，本節で示した数値計算により，ヘッド形状の基本設計を行い，詳細は実験により最適化を図り，実際のヘッド形状を決定し，実機に適用した。

このように計算能力が不十分で，精度のよい設計計算ができない場合は，二次元計算で精度が悪くても，目的の基本特性をできる限り把握，理解し，最小限のさらなる努力で実用に耐える設計が可能となる。まったく実験だけでヘッ

ド形状を決定するには,膨大な実験が必要となる。場合によっては不可能である。特にこの例のように,変化するパラメータが多い場合には,事前に計算機によるパラメータサーベイを行い,重要なパラメータがなんであるかを把握しておくことが重要である。理論計算を併用することにより,設計の方向性が示され,格段のスピードアップができた。

4.3.3 ヘリウム液化機用気体軸受[19]

気体軸受は高温/極低温,放射能雰囲気など油軸受の使用が困難なところでも,潤滑剤である気体が不活性であるという特性を生かして使用される。本節ではその例として核融合装置用超電導マグネット冷却に使用されるヘリウム液化機とそのキーコンポーネントである膨張タービンについて述べる。

[1] 大型ヘリウム液化機のニーズと膨張タービンの高速化

核融合装置では超伝導マグネットを冷却するために,大量の液体ヘリウムを使用するので,液体ヘリウムを製造する大容量液化装置が必要である[19]。そのため,従来のピストン式膨張機に代わってターボ式膨張機が必要となった。ヘリウムガスの質量が小さいため,ガスの遠心力を利用するターボ式膨張機は必然的に高速回転が要求される。

表4.1は製品化されたヘリウム液化機の製造能力とタービン回転数である[20]。小容量(液化能力10$[l/h]$)のものは脳診断に使われるNMR用ヘリウム液化機である。それに使用される膨張タービンはタービン径6 mm,常用回転数81万rpmと非常に小型・高速である(**図4.36**)。大型装置は核融合実験用(液化能力1 000$[l/h]$)である。

表4.1 ヘリウムタービン

形式	ロータ直径[mm]	回転数[min^{-1}]	液化能力$[l/h]$
HE TURBO 6	6	810 000	10
HE TURBO 20	20	230 000	100
HE TURBO 35	35	140 000	300
HE TURBO 55	55	87 000	800
HE TURBO 80	80	60 000	1 600

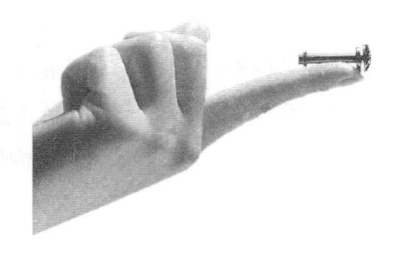

図 4.36　81万 rpm 超小型膨張
　　　　タービン用ロータ

[２]　ヘリウム液化機の構成と膨張タービン

　中型装置（液化能力 100〔l/h〕）ヘリウム液化機の全体を図 4.37（a）に示す。この液化フロー図を図（b）に示す。膨張機用タービンの基本構造を図（c）に示す。タービン回転体と軸受パッドを図（d）に示す。圧縮したヘリウムガスのエネルギーを膨張タービンで回転エネルギーにかえ，その回転エネルギーを同軸のコンプレッサで動力吸収するものである。

　膨張タービンの技術的問題点は，（1）超高速回転を要すること，（2）絶対温度近くの極低温での運転をすること，の二点である。著者らが試作開発した大型から小型までの膨張タービンの例を図 4.38 に示す。これらはヘリウムのみならず空気液化機にも使われている。

[３]　超高速回転用気体軸受の不安定現象とその安定化のアイデア

　超高速回転では，2章で述べたジャーナル軸受で支えられた回転軸の不安定性（ホワール等）が問題となる。また極低温では軸や軸受のみならず，機器全体が変形縮小する。また，極低温ではわずかな熱損失が液化システムの効率に影響するため，軸受損失をできる限り小さく抑えねばならない。それらを考慮して，ヘリウムガスを潤滑剤に用いる気体軸受を採用した。さらにその軸受形式は，超高速における回転安定性と，極低温における機器の熱変形を吸収することを考慮してティルティングパッド軸受を採用した。

　ティルティングパッド軸受は後述の図 4.41 のように二つのパッドのピボットを固定し，残りのピボットは可動とし，これに荷重（これを予荷重という）を加え，軸受のすきまをコントロールして安定性を確保する。パッドはピボットを中心に動くことができる。図 4.39 は軸径 ϕ 11 のタービンによる小型回

4.3 実際の設計事例　　133

(a) ヘリウム液化機外観

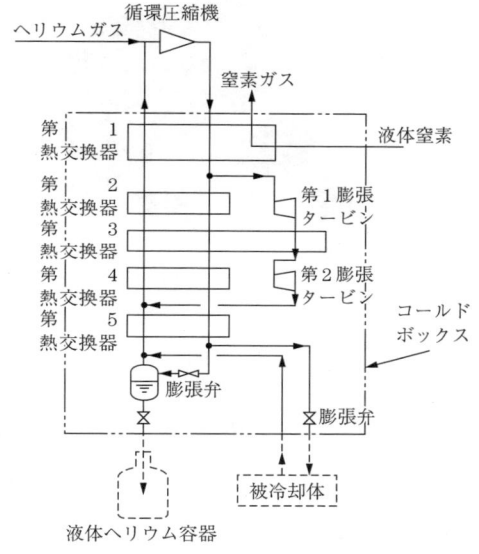

(b) ヘリウム液化機フロー図

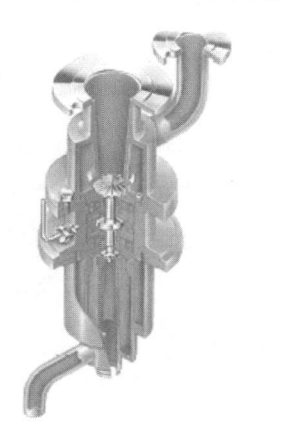

(c) 膨張機用タービン断面図

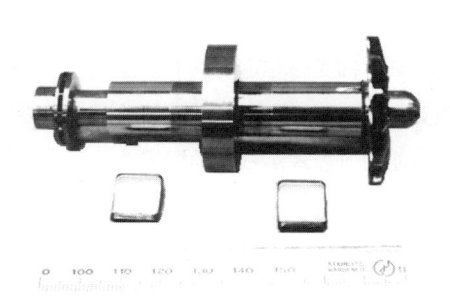

(d) タービン回転体と軸受パッド

図4.37　ヘリウム液化機

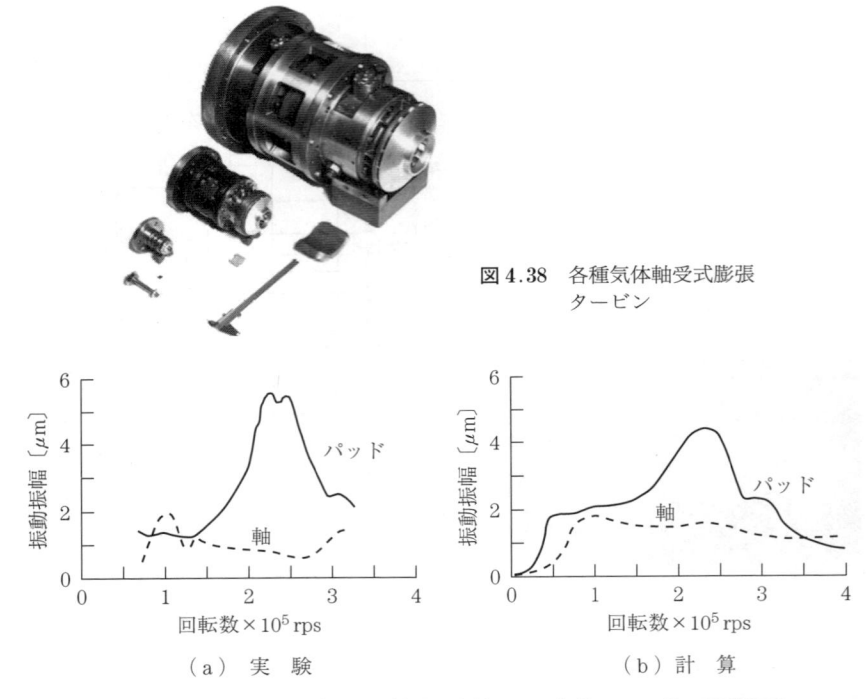

図 4.38 各種気体軸受式膨張タービン

(a) 実 験

(b) 計 算

図 4.39 ティルティングパッド軸受で支持した回転体とパッドの振動振幅

転体の実験（図（a））と計算例（図（b））である[21]。図（b）の計算では，気体軸受の非定常潤滑方程式（3.44）を線形化し，周波数応答法によって軸受定数（ばね剛性と減衰係数）を求め，それと剛体と仮定した回転体とパッドの運動方程式から振動振幅を計算した。ティルティングパッド軸受で支えた回転体の気体軸受膜による共振点は1 000rpsと比較的低速にある。一方，ティルティングパッドはピボットを中心に動くことができる。そのため，パッドの慣性モーメントと空気膜のばね作用による振動が観察された。回転軸に比べて慣性モーメントの小さいパッドは，2 500 rps 近傍になだらかな共振ピーク（ピッチングモード）を示している。回転軸とパッドの共振点は可動パッドの予荷重を変えることにより変化する。ティルティングパッド軸受は振動の面では原理的に安定であるといわれているが，実際はパッドの質量と慣性モーメン

トを無視できないので，高速における不安定振動が生じることは避けられない。

予荷重が小さいまま運転すると，図 4.40 に示すようにパッドの共振回転数のおよそ 2 倍の回転数でパッドが不安定振動を生じた。これは気体軸受膜の非線形に起因する 1/2 分数調波振動である。回転数のほぼ 1/2 の振動数でパッドが大きくピッチング運動しており，軸とパッドが接触する危険性が高い。一方，一連の実験で予荷重を大きくするとこの分数調波振動を防ぐことができることがわかった。そこで，予荷重を可変とするために図 4.41 に示すように予荷重用パッドのピボットをピストンで押す構造を考案した[22]。予荷重ピストンに加える高圧ヘリウムガスの圧力を可変として雰囲気圧力との差圧から荷重を任意に設定できる。実際はタービン回転数を検知してコンピュータ制御している。

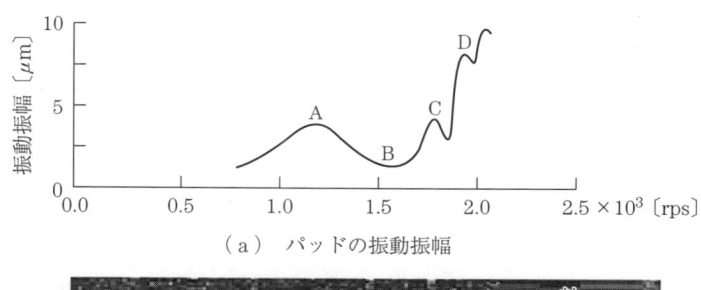

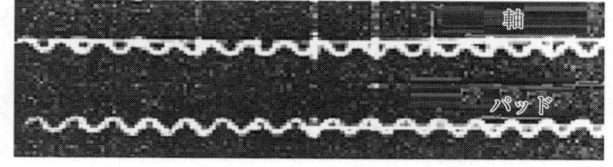

(a) パッドの振動振幅

(b) 振動波形（図(a)中の点 B, 1 582 rps）

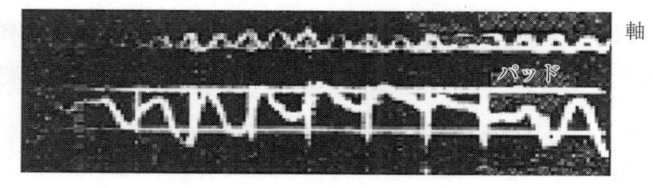

(c) 振動波形（図(a)中の点 D, 1 888 rps）

図 4.40 パッドの振動（1/2 分数調波振動）の実験例

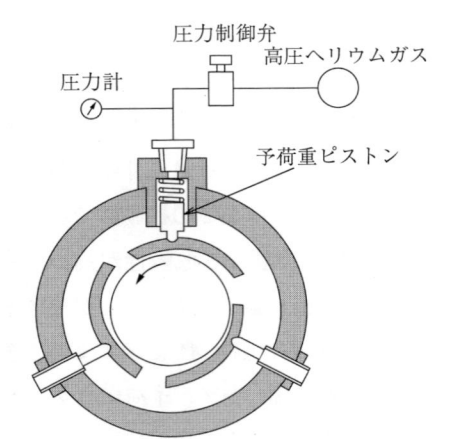

図 4.41 予荷重調整式ティルティングパッド軸受

このタービンは起動停止時に軸とパッドが固体接触する。トライボロジー的配慮として，軸とパッドの損傷防止のため，パッドと軸の表面はセラミックコーティングした。さらに起動を安全にするため，起動時には予荷重を低減させ，超高速度では予荷重を大きくしている。

4.4 まとめ

4章では，流体潤滑，弾性流体潤滑を用いた実際の設計例として，以下を学んだ。

(1) 流体軸受の開発手順および設計手順を示した。要求機能を満たす軸受の理想の浮上特性を想定し，その理想を実現するために形を考え，寸法を決めることが研究であり，設計である。

(2) 流体軸受を設計するためには設計の道具，すなわち数値解析プログラムとともに軸受すきまの正確な測定法を整備することの重要性を強調した。

(3) 流体潤滑理論と流体潤滑軸受の知識と経験を含めた考察より，新しい軸受のコンセプト，新しいスライダを考える背景を示した。実際の流体軸受の設計を例にとり，製品コンセプトから導かれた設計方針，具体的

な採用技術とその問題点，問題解決のアイデア，など設計の基本方針のまとめ方の例を示した。その実施例として小型磁気ディスク用ナノメータ浮上磁気スライダを示した。

（4）　計算が難しくて理論計算結果の精度が不十分であっても，設計の方向性を正確に示すことができれば，実験を併用して所定の結果を出すことができる。その例として磁気テープ装置のヘッド形状設計の結果を示した。磁気ヘッドの形を変えることによりテープの安定低浮上を実現できた。

（5）　軸受の使用環境が厳しい装置では，軸受そのものだけでなく，その装置の使用環境に十分配慮して設計することが重要である。その例としてヘリウム液化機用気体軸受の例を示した。高速回転時の安定化を図るアイデアを考案し，それを実機に適用した。

5 固体の表面

　本書の後半では，表面の性質が大きく影響する場合のトライボロジーについて考える。3，4章で，二表面の間に流体（潤滑液）が多量に存在する場合（流体潤滑状態）の現象について学んだ。そこでは，簡単のため表面は理想的に平滑であると仮定した。この仮定は二表面が流体膜で隔てられ，すきまが大きく表面形状の影響が小さい場合には成立するが，2.2節のストライベック線図で説明した混合潤滑状態，境界潤滑状態で固体接触が生じる場合には成立しない。これらの状態では接触する表面そのものの性質が大きく影響する。この状態は現実の接触面ごとに異なるため，流体潤滑の場合のように多数の流体分子の平均的な挙動を考える数値解析は困難で，現在まで，実験，分析的な解析から理解が進められている。

　5章ではトライボロジーから見た表面について，表面の観察，内部，外部の構造，表面を定義する上での表面粗さ，硬さ，その他の表面の性質について説明する。6章では表面間の接触について，7章では実際の表面間の摩擦について，8章でそのような摩擦による損傷について，9章ではこれらの応用としてのメカトロニクス機器の設計例について説明する。

5.1 表面の観察

　表面（surface）は，辞典では「固体あるいは液体と外部との境界」と説明されている[1]。理想的状態では，固体あるいは液体の最表面原子1層が表面となる。ところが，実際の表面は以下に述べるように複雑であり，現実にそれを確定し，再現性をもって説明するのは結構難しい。

　最も身近な表面はあなたの皮膚である。では，皮膚のどこが表面であろう

か。皮膚にはあかがついている。その下に，死んだ組織がある。その下に皮膚組織があり，毛細血管が走っている。これらのどこが体の表面であろうか。皮膚にクリームを塗ったとき，あるいは石鹸で手を洗っているとき，体の表面はどこになるのか。

それでは金属表面はどうなっているであろうか。**図 5.1**（a）には転がり軸受とそのボールの写真を示す。このボールは直径約 6 mm で，金属光沢の鏡

（a）写　真　　　　　（b）光学顕微鏡写真

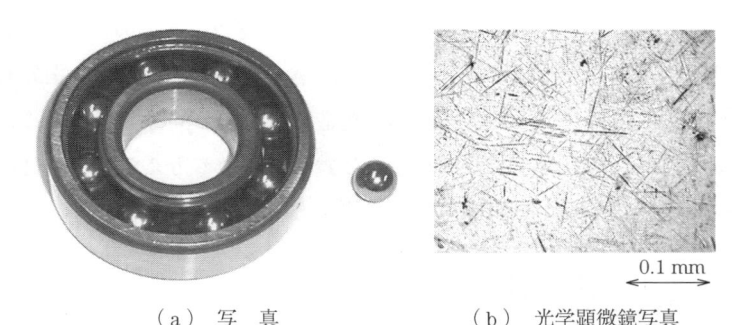

図 5.1　玉軸受ボール（6 mm）の表面

（a）全体写真

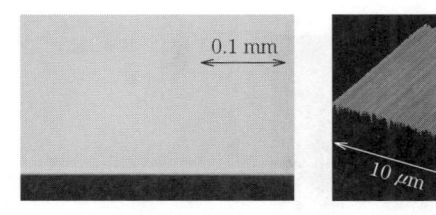

（b）最外周部光学顕微鏡写真　　　（c）AFM 測定結果

図 5.2　HDD 用薄膜磁気ディスクの表面（外径 95 mm）

面の球と見える。この表面を光学顕微鏡で拡大すると図（b）のように，金属光沢の中に，凹部が黒く線状に見える。鏡面ではなく加工による線状の傷が残っている。**図5.2**には，磁気ディスク装置（HDD）の情報記録媒体である薄膜磁気ディスクについて同じように比較している。図5.2（a）の写真のようなドーナッツ状の平滑な金属面を光学顕微鏡で見ると図5.1（b）よりもさらに平滑でほとんど構造が見られない。しかし，この平滑面も**原子間力顕微鏡**（**AFM**，atomic force microscope）で見ると，図5.2（c）のようにnmレベルの凹凸が見られるようになる。これらは，遠くから見れば均一な指先も，細かく見れば指紋があり，さらに汗腺等の構造を持つのと同様である。これらからわかるように，相互作用を及ぼしあう2表面について考える場合には，どの寸法レベルの話であるかを明確にする必要がある。

5.2　表面内部の構造

では，金属の内部はどうなっているであろうか。金属摩擦面を切断してその内部組織を観察すると，**図5.3**に示すように表面の内部にも摩擦により形成されている構造がある[2]。摩擦面の内部では摩擦時に加わった応力が大きいと材料の変形，欠陥が蓄積される。機械加工時には，通常の摩擦よりさらに大きな力がかかるため，さらに顕著な構造ができる。そのため，この層は加工変質層あるいはベイルビー層と呼ばれる。金属表面の接触を考える場合，このような構造を考えて解析する必要がある。

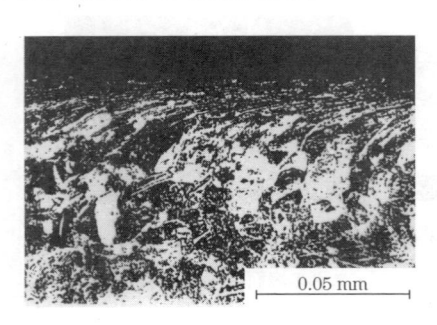

図5.3　摩擦面の内部構造[2]

最近では単純な金属に加え，薄膜積層材料，複合材料が多く使われている。薄膜積層材料の代表として，図5.2で外見を見たHDD用薄膜磁気ディスクの内部構造を図5.4に示す。磁気ディスクには，機械構造物の力を支え位置を保つ働きに加えて，表面に磁気的に情報を記憶することが要求されている。そのため，下地膜上に磁性膜（磁気的情報記録層）が形成され，その表面を保護するためにカーボン保護膜と潤滑膜がある。これらの薄膜はアルミニウムあるいはガラスの基板上に形成されている。これらの設計の詳細については9.3節で説明するが，薄膜材料の摩擦についても表面の形，各層の厚さと性質を知る必要がある。薄膜の厚さに比較して変形が大きいときには，下層の性質の影響が大きくなる。このように，次章以降で説明する物体の接触/摩擦状態を解析するためには，まずその表面の形，内部の構造，材料の性質を詳しく理解する必要がある。

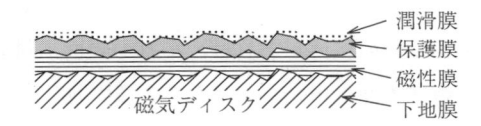

図5.4 薄膜磁気ディスクの構造

5.3 表面の外側

これら表面の外側はどうなっているであろうか。皮膚の場合，クリームを塗ればつるつるし，手に汗を握るとしっとりとする。表面になにが付くかで感じが大きく変わる。

このように，金属の外側はそこになにがあるかわからず，内部よりさらに複雑である。では，純粋な金属を空気中に出したらどうなるであろうか。大部分の金属では空気中の酸素と反応して酸化物ができる。これが極端に進んだ場合がさびである。空気に含まれる水蒸気も表面に吸着する。海岸近くでは塩（NaCl）の粒子が空気中に漂い，これが表面に付くと吸着している水に溶けてさらに金属を腐食することがある。表面に付くのはこれらの無機分子だけでは

ない。空気中にはさらに有機物のガスも存在する。自動車のガラスを長い間，洗わずに放置すると，雨に濡れる場所と濡れない場所がまだらになる。濡れない場所には，水をはじく有機物が付着している。

　以上をまとめて，金属についてその表面の状況を模式的に図5.5に示す。図（a）の理想的な単結晶表面は超高真空中のみで観測される。微量の酸素が雰囲気に存在すると，貴金属以外では図（b）のように表面に酸素が結合し，酸化物層が形成される。酸化物層の構造は金属により異なるが，ここでは簡単のために1原子層の酸素とした。このときの表面は化学的には，金属ではなく酸化物（セラミックス）の性質を示す。この表面を空気中に出すと，酸化が進むとともに表面に空気に含まれる気体成分がさらに吸着する。吸着物質の第一は水である。空気中の水蒸気は相対湿度が100％に達しないときでも，表面に吸着し図（c）のように1〜数原子層の膜を形成する。相対湿度30％程度の乾燥状態でも1原子層の吸着膜が形成され，相対湿度が90％を超えると5分子層程度の膜となる。空気中に有機物分子の気体があれば，これも表面に付着する。図5.3に示したように実際の金属表面は単結晶ではなく，また加工により結晶構造が変化しており，さらに図5.5（c）からわかるように表面には普

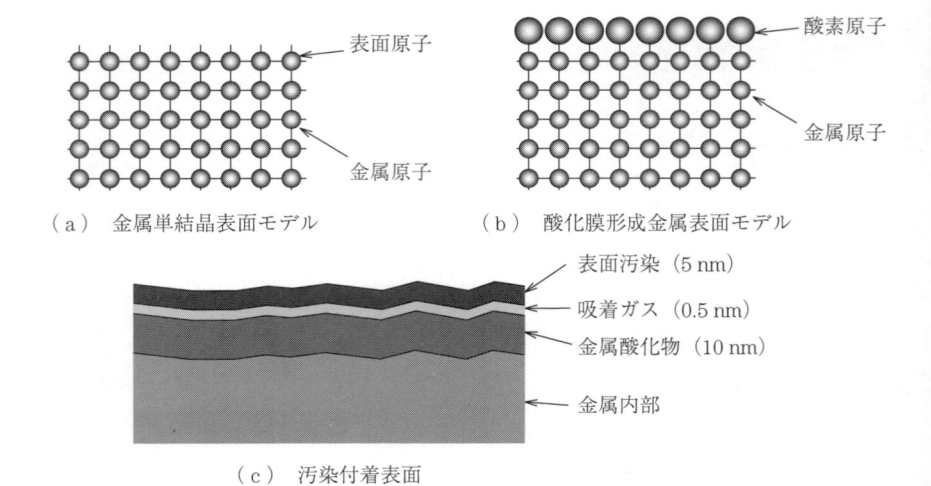

（a）金属単結晶表面モデル

（b）酸化膜形成金属表面モデル

（c）汚染付着表面

図5.5　金属表面の汚染レベルモデル

通は金属原子は露出していない。

　実際のトライボロジー問題の解決には，これらの表面の性状を理解した上で進めていく必要がある。特にメカトロニクス機器では後述するように表面内外の性質の影響が大きく，表面の性質に十分注意をする必要がある。

　LSI は，表面に付く汚染を減らすため，空気中の汚染粒子を除いたクリーンルームの中で，さらに汚染原子を除くため，真空装置の中で製造されている。そして，回路完成後に表面に配線層が形成され，その上を外部からの汚染が侵入しないように封止している。これに対し，トライボロジーで扱う表面は日常生活空間で相対運動をするため，LSI のような清浄化は困難である。最近では空気中に存在する有機物ガスは **VOC**（volatile organic component）と呼ばれ，半導体クリーンルーム，あるいは HDD 製造現場，さらに電気接点では管理低減するべき課題となっている。トライボロジーシステムの必須要素として，雰囲気を考えなければいけない所以である。

5.4　表面の物理的性質

　二つの表面が相互作用するとき，最初に物理的力が働く。全体から見たマクロに働く力は機械力学，材料力学で解析できる。しかし，トライボロジーの観点から見るとそれぞれの接触点でのミクロな力が問題となる。それを知るための表面粗さと硬さについて説明する。

5.4.1　表　面　粗　さ

　以上で表面の内側から外側にしだいに原子の種類と配列が変化していることが理解できたが，まだ表面の定義は必ずしも明確ではない。ここで，表面を「内側の材料が一定以上の割合を持つところの包絡面」と定義すると，図 5.2（c）に示すような三次元の面となる。

　トライボロジーでは，このような面が相対したときの相互作用を対象としている。6 章で述べるように最初に接触するのは表面の凸部どうしであり，その

形が接触状態を決める．そこでこのような表面の形を定量的に知り，数値化することが必要となる．その最も基本的な方法は平面を等間隔の格子で分割し，各点の高さを記録することである．これが図5.2（c）に示される三次元表面形状である．しかし，この形は表面ごとにさらに表面上の場所により異なり，二つとして同じ形はない．そのため，このままの形で他の面と比較することは困難である．そこで，この表面と垂直な仮想平面で切った**図5.6**に示すような曲線（断面曲線）を考え，数値化することが一般的である．この断面曲線でもまだ情報量が大きすぎる場合には，以下のように「粗さ」としてさらに一定の数式による代表数値を用いる方法が行われている．

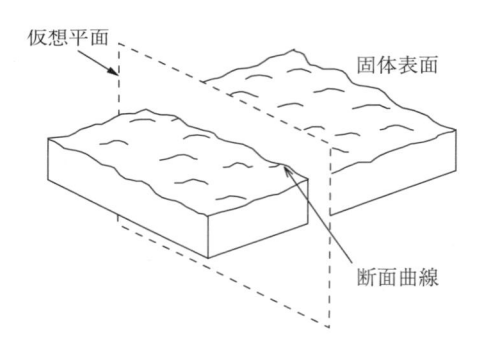

図 5.6 断面曲線

断面曲線にはいろいろな波長の成分が含まれている．長い波長成分は全体の形につながり，短い波長成分は表面の加工の性質，あるいは6章以降で考える二面の接触に関係する．測定最短波長は検出器の分解能により決まり，長波長側は測定長さで決まる．この断面曲線をフィルタを用い，ある波長 λ（カットオフ波長）より短波長成分と長波長成分とに分け，前者を**粗さ曲線**，後者を**うねり曲線**と呼ぶ．うねりを含んだ断面曲線からうねり成分を除いて，粗さ曲線が求められる．**図5.7**に断面曲線と粗さ曲線の関係を示す．図（a）の断面曲線とほぼ同一位置のカットオフ波長を0.8 mm，0.25 mm，0.08 mmで測定した粗さ曲線が図（b），図（c），図（d）である．同じ位置でもカットオフ波長を短くすると，小さな凹凸の位置は同じだが，長波長のうねり成分が減少し，粗さ成分が減少することがわかる．

5.4 表面の物理的性質

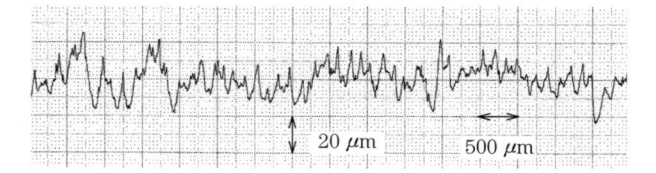

(a) 断面曲線

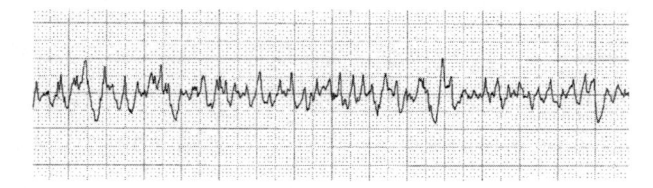

(b) 粗さ曲線（カットオフ波長 $\lambda=0.8$ mm）

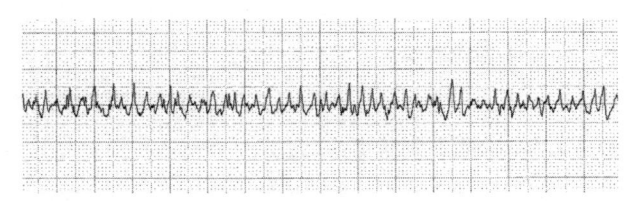

(c) 粗さ曲線（$\lambda=0.25$ mm）

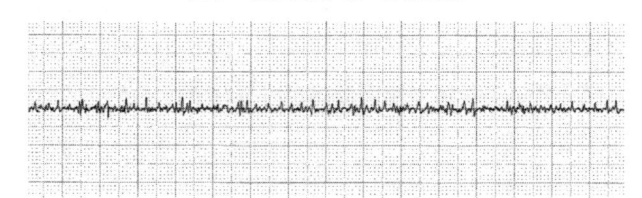

(d) 粗さ曲線（$\lambda=0.08$ mm）

図 5.7 断面曲線と粗さ曲線

ここまでの粗さの表示は形であり，比較が困難である．そこで，これらの曲線をさらに一つの数値で代表して比較するために，表面粗さが定義されている．これには，**算術平均粗さ R_a，最大断面高さ R_z，最大山高さ R_p** がよく使われる．これらは，粗さ曲線の平均値（中心線）からの差を $f(x)$ とすると，測定長 l のとき，以下の式により求められる（JIS 2001[3] による）．

5. 固体の表面

$$R_a = \frac{1}{l}\int_0^l |f(x)|dx \tag{5.1}$$

$$R_z = \text{Max}(f(x)) - \text{Min}(f(x)) \tag{5.2}$$

$$R_p = \text{Max}(f(x)) \tag{5.3}$$

　6章で述べるように二面間の距離は両面の突起高さの和，すなわち R_p の和により決まるので，最大山高さ R_p はトライボロジーに関して特に重要である。これらの式による粗さの数値は測定場所により変わるため，多数の場所の測定結果の平均により比較する必要がある。またカットオフ波長によっても変化し，図5.7（a）の断面曲線の平均粗さ R_a は図（b）では 4.5 μm だが，図（c）では 2.9 μm，図（d）では 1.0 μm と，カットオフ波長とともに小さくなる。小面積の粗さを計るためにカットオフ波長を小さくするときには，このような変化に注意する必要がある。

　このような数値化は，同一方法により製造された面では表面構造がある範囲に入るため，製造工程の良否を判断するためには非常に有効である。しかし，異なった製造方法により生成された，あるいは異なった条件で摩擦された表面では，異なった形状が同じ数値を示すことがあり，比較には注意が必要である。例えば，金属表面をラッピング加工すると，図 5.8（a）に示すように，頂部が平滑で，部分的に谷を持つ断面曲線が得られる。一方，プラスチックに

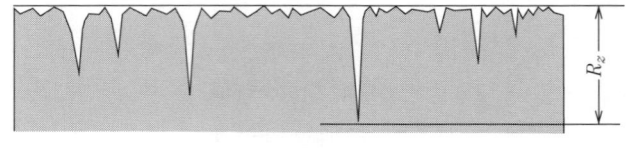

（a）　ラッピング加工面の例

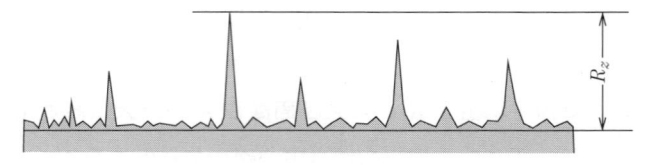

（b）　硬質粒子含有樹脂研磨面の例

図 5.8　同一最大粗さで異なる断面形状の表面の例

硬質粒子を分散させ，研磨した面では，図（b）のように平坦な面に硬質突起が残る構造となる。この面の粗さ曲線は，図（a）を上下反転させた面とほとんど同じとなる。二つのまったく性質の異なる面が，似たような R_a, R_z の値を示すことになる。この場合にも，さらに R_p，あるいはある高さ位置に固体物質が存在する割合をプロットした負荷曲線等を併用することにより，誤判断を避けることができる。

表5.1におもな表面粗さ測定法を示す。探針を表面に接触させて走査し，その軌跡を検出する接触方式と，光の反射を用いて表面形状を測定する非接触方式の二種がある。前者は経済的であるが，位置検出分解能は触針の先端形状に制限され，また，軟質表面では傷ができる可能性がある。後者は傷の恐れはないが，位置検出分解能に光波長の限界があり，また複合材料の場合には表面の光学的性質の違いの影響を受ける。

表5.1 おもな表面粗さ測定法

粗さ測定法		概要図	利点	欠点
接触方式	・触針式 表面粗さ計		装置簡単	接触で傷が付く
	・走査プローブ顕微鏡		原子レベルの高分解能	測定範囲狭 装置複雑
非接触方式	・光干渉方式		非接触で傷なし 三次元計測可能	分解能に光波長の限界（水平/垂直）
	・焦点位置検出方式		非接触で傷なし 触針式と共存	

1990年代から表面のミクロ形状の観察に広く用いられるようになった走査プローブ顕微鏡の一つである **AFM** は，表5.1中では接触方式測定器に分類される走査プローブ顕微鏡の一種である。その測定原理を**図5.9**に示す。触針を水平面内に機械的に走査し，触針に働く表面からの力が一定になるような針先高さを検出し，表面形状を測定する。その測定力は非常に小さく，軟質材料でも測定による傷が発生せず，優れた測定器であるが，測定範囲は小さい。

148　5. 固 体 の 表 面

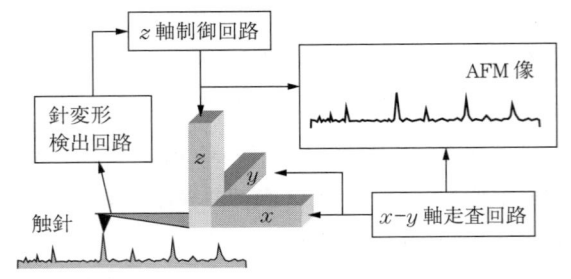

　　　x-y 軸位置を走査し，針変形を一定（一定接触力）になる
　　ように z 軸高さを制御する。z 軸高さが表面形状を表す。

図 5.9　AFM（原子間力顕微鏡）の測定原理

AFM により絶縁材料でも原子個々の位置が検出できるオングストロームレベルの分解能の表面形状観察が可能になったことから，マイクロトライボロジー/ナノトライボロジーと呼ばれる分野が開拓されている[4]。

5.4.2　硬　　　　さ

　表面の変形に関し，もう一つの重要な性質に硬さがある。木工工作で木ねじをドライバでねじ込むとき，木が堅いと木ねじの頭の溝が変形し，ねじ込めなくなることがある。このとき，ドライバの先端は，ほとんど変化していない。これは，ドライバの先端が木ねじより硬い金属でできているからである。ここで，この硬さを定量的に測る方法を考える。

　最も簡単な硬さ測定法は，ねじとドライバの関係と同じように，二つの物質をこすってどちらに傷（変形）が生じるかを調べる方法である。その中で一般的な**モース硬度**では，種々の鉱物の硬さを滑石からダイヤモンドまで，1：滑石，2：石膏，3：方解石，4：蛍石，5：りん灰石（アパタイト），6：正長石，7：水晶，8：トパーズ（黄玉），9：コランダム（鋼玉，ルビー，サファイア），10：ダイヤモンド（金剛石）のように 10 段階の標準を決めている。この方法では，どちらが変形するかは比較可能であるが，われわれが対象とする工業材料の間の差はわかりにくく，また各種の力学的な解析への応用も難しい。

　そこでさらに定量的な硬さ測定法が考えられている。先ほどの，ねじの頭の

5.4 表面の物理的性質

変形は元に戻らないので，塑性変形である．このことは材料の**塑性変形**のしやすさ，すなわち塑性変形応力を知ることで硬さを比較できることを示している．普通の材料強度の測定では，一定の断面積を持つ試験片を作り，引張/圧縮試験機で応力ひずみ線図を求め，弾性限界から塑性変形応力を求める．しかし，この方法は均一材料全体の性質を知ることができるが，図 5.3，5.4 に示したように表面が硬く内部は軟らかいなど，不均一な固体の場合には使えない．そのために考え出された方法が硬さ測定法である．この方法では，硬い圧子を一定の荷重で押し付けたときに表面に塑性変形として残る凹部の面積を測定し，荷重との比をもってその材料の硬さとする．一定の荷重で大きな変形をした場合には塑性変形応力が小さいことから，軟らかい材料であることがわかる．このときの硬さ H は塑性変形応力の約 3 倍と報告されている．単純な引張/圧縮試験と比較し，硬さ測定では水平方向の動きが拘束されているため，このような結果となる．

メカトロニクス材料では，図 5.10 (a) に示す四角錐の圧子を用いる**ビッカース硬さ** (Vickers hardness) 測定法がよく使われる．測定が容易な圧こん（図 (b)）の対角線長さ d を測定し，圧こんの面積 S を求め，荷重 W から，硬さ H_v を次式で求める．

$$H_v = \frac{W}{S} \tag{5.4}$$

各種の材料のビッカース硬さ H_v を表 5.2 に示す．このほかに，さらに先端角度を大きくして低荷重での圧こん形状を測定しやすくした**ヌープ硬さ** H_k，

(a) 加圧状態　　　(b) 加圧痕

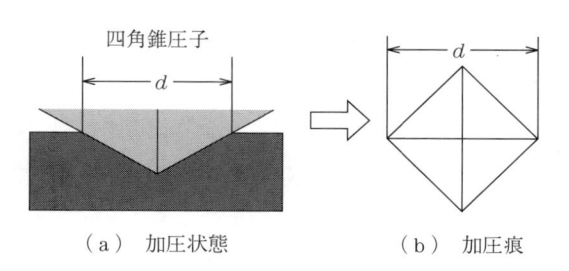

図 5.10　硬さ測定法

表 5.2　各種材料のビッカース硬さ

材料	硬さ
ダイヤモンド	8 000
サファイア	2 100
超硬合金	1 800
石　英	750
シリコン	800
焼入れ鋼	～800
鋳　鉄	～150
アルミニウム	～40

あるいは焼入れ鋼などによく用いられる球圧子を用いる**ロックウェル硬さ** H_R などがある。

このような微小な圧こんにより摩擦面の断面の硬さの変化を調べると，図 5.3 で示した摩擦面では**図 5.11** のように摩擦表面付近で硬く，内部に進むに従って硬さが低下する様子が観察される[5]。6 章で接触について考えるが，そのときにはこのような表面の加工硬化についても考慮に入れる必要がある。

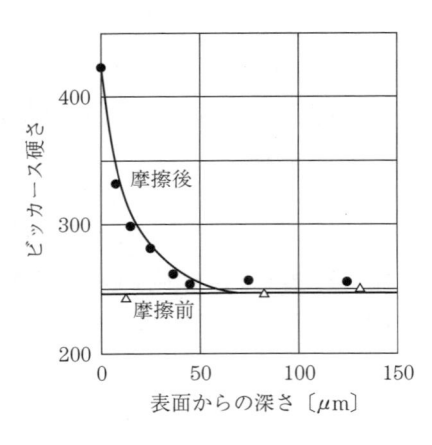

図 5.11　摩擦表面の硬さ変化[5]

最近広く使われている磁気ディスクのような薄膜積層材料では図 5.4 に示した 1 層の厚さが数 nm～数十 nm と薄くなっており，ビッカースあるいはヌープ硬さ測定時の圧こんの深さが膜厚と同程度になることがある。このような場合には，塑性変形は下地層の影響を受けるため，薄膜の正確な硬さ測定ができない。膜厚を圧こん深さの 5 倍程度に大きくして測定する，あるいはさらに微

小荷重で加圧時の変形を測定できる薄膜微小硬度計などにより測定する必要がある。

5.5 表面の化学的性質

前節では二表面の相互作用時の接触変形に関係する物理的性質として，表面粗さと硬さについて説明した。本節では表面の化学的性質のうちで，相互作用時の表面原子間あるいは表面間に介在する潤滑剤等の液体との相互作用に大きな影響を及ぼす，表面エネルギーと液体の濡れについて簡単に述べる。表面の化学的性質として，雰囲気流体あるいは相手表面との化学反応性も重要である。その例として，2.3.2項では極圧添加剤の説明をした。このような反応は個別に異なり一般的な説明が難しいのでここでは省略する。

5.5.1 表面エネルギー（表面張力）

無重力状態では，液体は球形となって空気中に漂う。重力中では空気中の液体は涙滴状態で落下するが，宇宙空間では重力が働かないため球形となる。球は同じ体積では表面積が最も小さい形であり，液体表面の表面エネルギーが最小となる形である。液体の表面分子から見ると，液体内の隣接分子は多いが，気体側の隣接分子は少なく，しかも位置が遠い。そのため，この分子に働く分子間引力は内側方向が大きくなる。この結果，液体表面にはつねに表面積を小さくする方向に力が働くことになる。液体内部分子には分子間引力がすべての方向に働き，その位置で引力はつりあうために動かない。この表面積を小さくするエネルギーを表面エネルギーと呼ぶ。物体はエネルギーの低い状態に落ち着く方向に変化するため，この表面積を小さくしようとする。表面エネルギーを表面張力とも呼ぶ。これらは単位長さ当りにその長さに直角方向に働く力（N/m）として数値化される。**表5.3**に代表的な液体，固体表面の表面エネルギーを示す。水の表面エネルギーは $0.072\,\text{N/m}$ と大きく，テフロンは約 $0.020\,\text{N/m}$ と低い。

152   5. 固体の表面

表5.3 各種材料の表面エネルギー

材料	表面張力〔N/m〕
水	0.072
グリセリン	0.063
ベンゼン	0.029
フッ素系液体潤滑剤*	0.023
エチルアルコール	0.022
テフロン	0.020
ヘキサン	0.018

＊：Solveysolex Fombin-Z 03

　表面エネルギーの大小は次項で説明するように液体が固体表面にぬれ広がるかを決めるため，潤滑性に大きな影響を与える。

5.5.2 液体のぬれ

　液体で固体間を潤滑するときには，液体潤滑剤が固体面に広がる，すなわち固体面をぬらすことが望ましい。この固体面での液体の広がりは，前項で学んだ表面エネルギーの大小により説明される。水は油で汚れたガラス面にはぬれ広がらないが，洗剤水は広がる。これは，油の表面エネルギーは水より小さく，洗剤水より大きいためである。これを利用したものが自動車のフロントガラスの撥水コーティングである。コーティングの表面エネルギーが低いため，その表面に水が乗った場合，水は表面積最小の球形になる。これは水の表面積が小さいほど全体の表面エネルギーが減るため，コーティング面上では水滴の形となるためである。このように水はぬれ広がらず，高速では風に飛ばされるようになる。

　表面での液体が広がるかどうかは，図5.12から考えられる。図では物質1，2，3がたがいに接している。5.5.1項で考えた表面エネルギーは物質1が空気の場合である。この状態で液体の物質2が物質3の表面に広がるかどうかは，

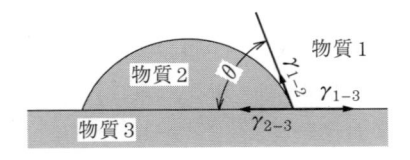

図5.12 固体表面の液体

これら3物質のそれぞれの間の界面エネルギー γ_{i-j}（物質 i と j の接触界面エネルギー）の大小から決まる。式（5.5）のように接点に左方向に働く力が右方向に働く力 γ_{1-3} より大きいとき，接点は左方向に移動する。

$$\gamma_{1-3} < \gamma_{2-3} + \gamma_{1-2}\cos\theta \tag{5.5}$$

移動に従って液体2の接点における角度 θ はしだいに大きくなる。この移動が平衡状態に達したとき角度 θ を**接触角**（contact angle）という。すなわち，次式が成立する。この式をヤング（Young）の式という。

$$\gamma_{1-3} = \gamma_{2-3} + \gamma_{1-2}\cos\theta \tag{5.6}$$

接触角が小さいほど液体の表面上のぬれ性はよい。逆に，テフロンのように表面エネルギーの小さい表面に水が乗った場合には，この角度は大きくなり90°を超えることもある。接触角は，表面へのぬれ性の一つの尺度である。

液体の表面エネルギーは，両側を輪にした長さ L の針金を作り，その輪に液体に立てた2本の針金を通して引き上げたときの力 Fu を測定することにより求められる。表面は液膜の両側にあるので $\gamma = Fu/2L$ となる。一方，固体の表面エネルギーを知るための方法としては，つぎのような方法が用いられる。この方法は，表面エネルギー $\gamma_1, \gamma_2, \cdots \gamma_i, \cdots \gamma_n$ のわかった試験液体を測定表面に滴下し，それぞれの液体の接触角 θ_i を測定する。そして，表面エネルギーと $\cos\theta_i$ の関係をグラフにする。表面エネルギーの小さい液体ほど接触角が小さくなるので，グラフにプロットされた点は**図5.13**に示すように左上がりの直線上にくる。この直線が $\cos\theta = 1$（接触角＝ゼロ）と交わる点の表面

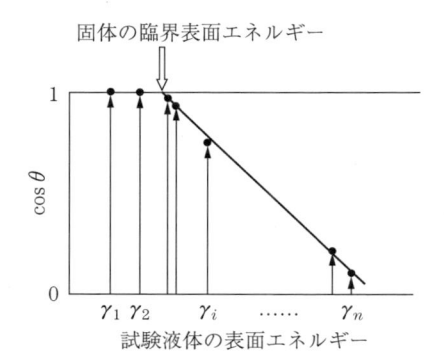

図5.13 ジスマン線図

エネルギーが，その固体の臨界表面エネルギーである。この線図は研究した人の名前をとってジスマン線図（Zisman plot）と呼ばれている。

実際の表面ではさらに液体との親和性が関係し，注意が必要である。例えば，酸化物表面では水，グリセリンのような液体は表面張力の小さい炭化水素より接触角が小さくなることがある。

5.6 まとめ

5章では，トライボロジーの基本となる物体の表面について，以下を学んだ。

（1） 実際の物体は，内部から外部に向けて構造や組成が変化しており，トライボロジー解析をするときには表面をしっかり知る必要がある。

（2） 表面の凹凸は，表面粗さとして数値化される。**算術平均粗さ R_a** が広く用いられ，**最大断面高さ R_z**，**最大山高さ R_p** も使われることが多い。

（3） 形の異なる面が同じ粗さ数値を示すことがあり，粗さから表面を考える場合には注意する必要がある。

（4） 表面の機械的性質の一つに硬さがある。これは圧子を押し込んだときに残る圧こんの面積で印加荷重を割ることにより求められる。

（5） 表面の化学的性質の一つに**表面エネルギー**（**表面張力**）がある。これは，液体が表面をぬらすかどうかを決める性質で，表面エネルギーの小さい液体が表面に広がる。

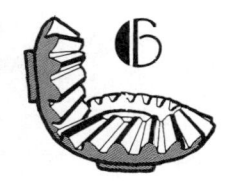

6 接触

5章で説明したような性質を持つ二つの表面が相互作用を及ぼしあう場合，普通は「さわる（触る）」と呼ぶが，トライボロジーではもっと一般的に「接触」と呼ぶ。この章では7章以降の摩擦，摩耗を知るための基本となる二面の接触状態について説明する。

6.1 接触とはなにか

指先の皮膚が他の物体と接触したときの最初の感覚は，なんらかの力である。接触する力が大きくなるにつれ，温度や他の感覚が生じる。トライボロジー辞典では**接触**の項目に「一般には固体面が触れ合うこと。トライボロジーにおける接触：荷重を受けるという力学的な意味を持つ。熱的接触，光学的接触とは異なる。」と説明している[1]。この説明は，二つの物体の接触は力を及ぼしあうことであり，表面どうしが直接接触する場合だけでなく，間になにか液体を介しても力を及ぼしあう場合，すなわち3章で説明した潤滑油を介した接触，流体潤滑状態を含めている。この章では流体潤滑では問題とならなかった，固体どうしの直接接触について説明する。

6.2 真実接触の概念

　指の皮膚でガラスに触った状態を上から見ると爪の裏全体が触っているように見える。しかし，ガラスの反対側から見ると指紋の部分だけが触っている。この部分は皮膚の突出した部分であり，接触は表面の凸部から生じることがわかる。また，実際に接触している部分は指の一部分であることも理解できる。

　一般的な凹凸のある二つの固体 A，B の接触でも同じであり，**図 6.1** に示すように上側の固体 A の背面から見ると，上面の灰色の部分全体が接触しているように見える。しかし，実際には両面の凸部が重なり合った多数の小楕円の斜線部分だけが接触している。トライボロジーでは，この後ろから見た状態を摩擦面全体としての外見上の接触を意味する**見掛けの接触**と呼び，表面の凹凸が実際に接触している**真実接触**部分と区別して呼ぶ。真実接触の概念は指紋や顔をガラスに押し付けた状態から容易に類推され得るにもかかわらず，バウデンが「スイスを（天地を）逆さまにしてオーストリアに乗せるようなもの」(1950 年) として述べるまで明確に認識されていなかった[2]。これは 5 章で説明した表面粗さの測定が容易ではなかったことも原因と考えられる。

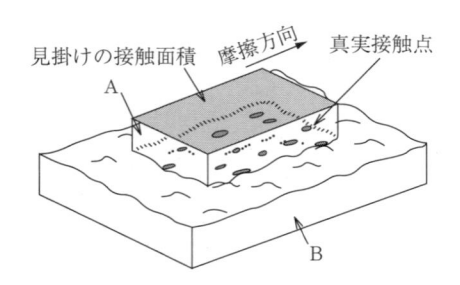

図 6.1　粗さのある二面の接触状態

　真実接触点の大きさは加わっている力と，材料の性質，形により決まる。変形しやすい材料では大きく，しにくい材料では小さくなる。粗さ曲線からわかるように，粗さ平均面から離れた高い突起の面積は小さい。最初に接触する部分は，これら突起の頂点であり，真実接触点の合計面積である**真実接触面積**

(real area of contact) は非常に小さい。

　真実接触面積の測定法には，光学的，電気的，化学的などがある。一方の物体が透明であれば，接触点を光学顕微鏡で拡大し，測定することができる。不透明な材料では電気抵抗の増加，一定以上の圧力で色が変わる感圧紙，あるいは接触させた状態で腐食液を加え真実接触部分には液が入らず腐食されないことを利用する等により測定されている。これらにより，真実接触面積は見掛けの接触面積より非常に小さいことが確認されている。

　接触面圧は，力が一定で接触面積が小さいときには非常に大きくなる。真実接触点では接触面積が小さいため，接触面圧は通常，硬さを越え，塑性変形が起こる。表面が平滑な場合やいったん大きな荷重で接触した後で荷重を下げた場合，あるいはゴムなどのように変形しやすい材料の場合には，接触面圧が低下し，弾性変形となる。6.3節以下で，接触部分の弾性変形，塑性変形について説明する。

6.3　接触点の弾性変形

　皮膚やゴムをガラスに押し付けても離せば元に戻るが，粘土を板に押し付けて離しても元には戻らず，平らな面が残る。前者では変形が弾性変形であり，後者では塑性変形が生じている。二つの面の接触でも，面圧が弾性限界を超えない範囲では弾性変形が生じ，超えると塑性変形により表面が永久的に変形する。この節では，前者の弾性変形について説明する。

　図6.1の各真実接触点の形は個々に異なるが，簡単のために図6.2のように同一材料（ヤング率 E）で曲率半径が r_1, r_2 の二つの球面が接触した場合を考える。この2球面の接触点に垂直荷重 W が加わったとき，接触変形 δ，接触面半径 a はヘルツにより次式で計算できることが示されており，**ヘルツ変形**と呼ばれる。

$$\delta = \sqrt[3]{\frac{9}{4}\frac{W^2}{E'^2 r}} \tag{6.1}$$

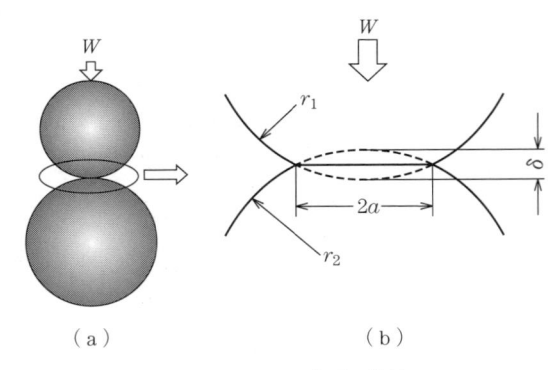

図 6.2 二つの球面の接触

$$a = \sqrt[3]{\frac{3}{2}\frac{Wr}{E'}} \tag{6.2}$$

ここで，ヤング率：E，ポワソン比：ν，$1/r=1/r_1+1/r_2$ である。E' は等価弾性率と呼び，次式で求められる。

$$\frac{1}{E'} = \frac{1-\nu^2}{E} \tag{6.3}$$

半径 a の円内で荷重 W を支えているので，平均接触面圧は $W/\pi a^2$，面圧分布 $p(x)$ は接触中心から半径 x の位置で次式で表される楕円分布となる。

$$p(x) = \frac{3}{2}\frac{W}{\pi a^2}\sqrt{1-\frac{x^2}{a^2}} \tag{6.4}$$

このとき，r_1，r_2 は曲率中心が固体内にあるときを正とし，外部にある（凹面）ときには負とする。面 2 が平面のときには $r_2=\infty$ であり，$r=r_1$ となる。材料が異なるときには等価弾性率は次式となる。

$$\frac{1}{E'} = \frac{1}{2}\left(\frac{1-\nu_1^2}{E_1} + \frac{1-\nu_2^2}{E_2}\right) \tag{6.5}$$

接触面が図 6.3 のような円筒面の場合には W を単位長さ当りの垂直荷重とするとこれらの式はそれぞれ以下のようになる。

接触幅

$$b = \sqrt{\frac{8Wr}{\pi E'}} \tag{6.6}$$

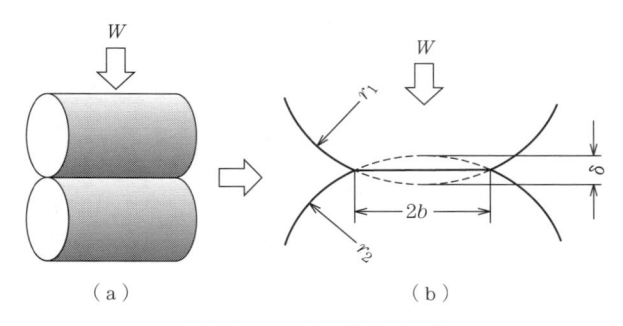

図 6.3　二つの円筒面の接触

接触面圧

$$p(x) = \frac{2}{\pi}\frac{W}{b}\sqrt{1 - \frac{x^2}{b^2}} \tag{6.7}$$

球面どうしの場合の接触面積 $S = \pi a^2$，円筒面どうしの場合には円筒の長さを L として $S = 2bL$ となる．接触面積は球の場合には式（6.2）から荷重 W の 2/3 乗，円筒の場合には式（6.6）から 1/2 乗に比例している．

6.4　接触点の塑性変形

前節で求められる接触面圧が硬さを越えた場合には塑性変形が生じ，以上のような解析は適用できない．この場合の変形について考える．

図 6.1 に示した凹凸のある面の接触で，垂直荷重を 0 から増加させていくと，接触点では最初前節で説明したような弾性変形が生じる．さらに荷重が増加すると塑性変形が生じ始める．これ以上に荷重を増すと，突起はどんどん塑性変形して各接触点の圧力はつねに硬さと等しくなる．

突起 i に荷重 w_i が加わったときに，その突起では接触面積 s_i は以下のようになる．

$$s_j = \frac{w_j}{H} \tag{6.8}$$

このような突起が n 個あると，全体としての真実接触点の面積の合計 S_r は

次式のようになる。

$$S_r = \sum_{i=1}^{n} s_i = \sum_{i=1}^{n} \frac{W_i}{H} = \frac{1}{H} \sum_{i=1}^{n} w_i \tag{6.9}$$

これは結局，式 (5.4) から導かれる次式と同じである。

$$S_r = \frac{W}{H} \tag{6.10}$$

塑性変形の場合には，真実接触面積は垂直荷重に比例する。

ここで具体的な例としてヌープ硬さ 1 GPa の金属試料が荷重 10 N で硬さ 5 GPa の平面に押し付けられている状態での真実接触面積を考える。この場合には真実接触面積は硬さの小さい金属試料の塑性変形によって決まるので，これらの数値を式 (6.10) に代入すると，$S_r = 10 \,[\mathrm{N}]/1 \times 10^9 \,[\mathrm{Pa}] = 0.01 \mathrm{mm}^2$ と計算される。試料の見掛けの接触面積が数十 mm^2 ある場合には，真実接触面積はその 1 000 分の 1 以下と非常に小さいことがわかる。

6.5 表面変形の数値解析

ある現象を理解したといえるのは，その現象のモデルがあり，そのモデルによる計算値が実測と一致するときである。3 章で述べた流体潤滑状態は，多数の流体分子の平均的な挙動を数値で表しており，数値計算で多くのことが理解できる。トライボロジーの分野では最も理解の進んでいる分野である。

これに対し，接触面では個々の物体ごとに表面の形がすべて異なり，数値解析を行うことは非常に困難である。しかし，メカトロニクス機器では接触面積を知りたい場合が多く，数値的に解析できれば有用であり，モデル解析の試みがいくつか報告されている。その方法として，突起を同じ曲率半径の球面と考えたモデル，それを進めてフラクタルの考えを取り入れたモデル，あるいは表面形状を実測することなどにより解析されている。

最初に考えられたのは，図 6.4 のように，表面の突起を一定の曲率を持つ球面とし，その高さを表面粗さに応じた指数分布とするもので，**Greenwood-**

6.5 表面変形の数値解析

一定の曲率半径 R

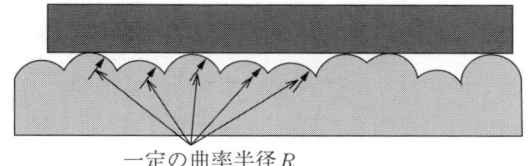

図 6.4 Greenwood と Williamson による表面形状の モデル化（GW モデル）

Williamson（GW）モデル（1966 年）と呼ばれる[3]。このモデルは現実にはいろいろの突起の形があるところを一定形状の球面とし，さらにその高さも計算に容易な分布を用いているため，モデルの精度は低いながらも解析が容易であり，その後，広く解析に用いられている。

フラクタルモデルは，マンデルブロにより地球における海岸線の形を説明することから導入されたフラクタルの概念を導入したもので，曲線の一部を拡大するとまた似たような曲線が得られるような多重構造を表現している。粗さ曲線もこの性質を持ち，実際の磁気ディスク表面変形に関しても，GWモデルより接触面積の計算誤差が少ないと報告されている[4]。しかし，自己相似性に原子の寸法の限界があることなどに問題があり，その後，あまり用いられていない。

最近では，計算機の能力が飛躍的に進んだため，実際の表面形状をそのまま計算機モデルに取り込み，有限要素法（FEM：finite element method），あるいは境界要素法（BEM：boundary element method）で解析することが可能になっている。粗さのある球面と平面の接触状態をモデル計算した例では，ヘルツ接触円内の各真実接触点の面圧はその材料の硬さに到達しているが，中心から遠ざかるに従って真実接触点の数が減少し，平均的に見ると式 (6.4)，(6.7) で示したヘルツの接触面圧分布に一致していることが報告されている[5]。別の解析では，実際の薄膜磁気ディスクの表面粗さ曲線を用い，接触状態にある磁気ヘッドの変形と接触面圧分布を**図 6.5** のように計算している[6]。

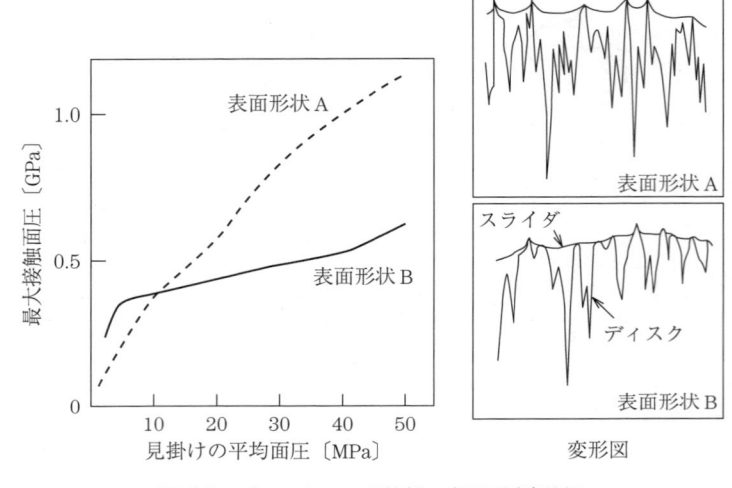

図 6.5 ディスクヘッド接触の有限要素解析[6]

6.6 ま と め

6章では，トライボロジーが対象とする，2物体の接触について，以下を学んだ。

（1） 二つの物体が接触しているとき，見掛けでは広い面積で接触していても，実際には非常に狭い表面の突起どうしが接触しているだけである。これを真実接触という。

（2） 真実接触点に加わる力が小さいときには突起は弾性的に変形し，ヘルツ接触と呼ばれる。このときの接触応力，変形量等は，球面，だ円面，円筒面の場合，ヘルツの計算式で求められる。

（3） 接触部に加わる力が大きくなると，軟らかい材料の突起が塑性的に変形し，接触面圧はその材料の硬さとなる。

（4） 真実接触面積は，弾性接触の場合，荷重の 1/2 乗（円筒面）〜2/3 乗（球面）に比例し，塑性接触の場合には荷重に比例する。

7

MECHATRONICSMECHATRONICS

摩擦
(二表面間の相互作用力)

　6章で説明したような接触をしている表面間の相互作用で基本となる摩擦力と摩擦係数について，最初に最も一般的な摩擦法則（アモントン-クーロンの法則）について説明し，その原因についても簡単に述べる。そして，最近のメカトロニクス機器で問題になってくるこれらの法則からのずれとその原因についてつぎに説明する。また，メカトロニクス機器における，摩擦による位置決め精度の低下についても簡単に触れる。もう一つの相互作用である，表面の形の変化については，8章で摩耗/損傷として説明する。

7.1 摩擦とは

　摩擦とはなんであろうか。指を机の上の紙に接触させ，横に移動させると紙は横に動く。これは指と紙の間の摩擦力が，紙と机との間の摩擦力より大きいためである。お札を数えるとき，一番上の1枚だけ動かすことはなかなか難しいが，これも摩擦の性質を理解すれば容易に解決される。この重なった紙から上の1枚だけを取り出す機構は，プリンタの紙送り，ATMでの紙幣の送りに重要であり，そのメカニズムは9.4節で説明する。

　トライボロジーでは，**摩擦**を，「接触する二つの物体が，外力の作用の下で滑り運動や転がり運動をするときに，あるいはしようとするときに，その接触面において運動を妨げる方向の力が生ずる現象，あるいはその力」と定義する[1]。

7. 摩擦（二表面間の相互作用力）

摩擦はそのときの動作状態によっていくつかに分類されている。二表面間の相対運動の有無から**静止摩擦**（**起動摩擦**，static friction）と**動摩擦**（kinetic friction）に，二物体の相対的角度変化から**滑り摩擦**（sliding friction）と**転がり摩擦**（rolling friction）に分けられる。**図 7.1** に示す。

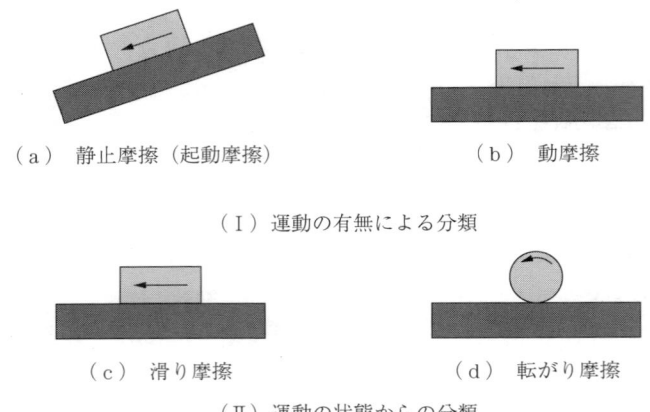

（a） 静止摩擦（起動摩擦）　　　　　（b） 動摩擦

（Ⅰ） 運動の有無による分類

（c） 滑り摩擦　　　　　（d） 転がり摩擦

（Ⅱ） 運動の状態からの分類

図 7.1　摩擦状態の分類

静止摩擦は面上に静止している物体の運動開始（起動）を妨げている力であり，運動し出すときの限界の摩擦力は最大静止摩擦と呼ばれる。動摩擦は，相対運動をしている接触二面間に運動を妨げる向きに働く力，あるいは運動を続けさせるために必要な力であり，運動エネルギー損失の原因となる。

滑り摩擦は，ある物体の表面をもう一つの物体が角度を変えずに動くときに働く動摩擦であり，単に摩擦というときは滑り摩擦を示すことが多い。転がり摩擦は，転がり接触する一対の固体面間に働く摩擦力である。

7.2　摩擦の測定

摩擦は運動を妨げる向きの力であるとすれば，その大きさはどのように決まっているであろうか。機械の設計においては，必要な駆動力を見積るために，摩擦力の大きさを測定する必要がある。

7.2 摩擦の測定

　ルネサンスには，レオナルド・ダビンチはその必要性を意識し，定量的な研究を行い，実験方法のスケッチを残している。平らな台の上に直方体を置き，横方向に糸で引き，定滑車で糸の方向を下向きに変えて重りの大きさにより糸に加わる力を変える。この方法により物体が動き始める重さとして起動摩擦を測定することができる。測定した結果は，直方体からの線の長さとして示されている。このような実験の結果から，「接触面の幅や長さが異なっても，同一の重量による摩擦に起因する起動時の抵抗は同一となること」，また「重量が2倍になれば摩擦により発生する力も2倍となる」と述べている[2]。この観察結果は軍事機密であったため一般に知られておらず，その後，次節で述べるようにアモントン，クーロンにより再発見されている。

　摩擦力 F は垂直荷重 W により変化することから，両者の比が摩擦係数 μ として次式のように計算される。

$$\mu = \frac{F}{W} \tag{7.1}$$

　静止摩擦の別の測定法として，摩擦角の測定法がある。これは，図7.1 (a) のように物体を平面上に置き，平面を傾けて物体が滑り出す角度 θ から静止摩擦係数 $\mu_s = \tan\theta$ として求めるものである。糸と滑車のような器具を使わないため容易に測定でき，真空中でも使えるなどの特徴を持つ。

　最近では力の測定も電気的に行われることが多く，そのための装置として**図7.2 (a)** のようなものがよく用いられる。これは，物体を引っ張る糸をばねで支持し，ばねの変形を貼り付けたひずみゲージにより検出するものである。電気的に増幅，記録可能であり，高速現象も測定可能である。この方法による図中の物体の載った台の移動と摩擦力 F の測定結果を模式的に図 (b) に示す。台の移動とともに物体が移動し，糸に力が加わり，ばねが変形する。ばねの変形は摩擦力の大きさを示しており，はじめ台の変形に比例して摩擦力が増加するだけで，物体は台上に静止している。この状態が静止摩擦状態である。しだいに台が移動すると静止摩擦力も増加し，ついに物体と台との間で滑りが生じる。このときの摩擦力が最大静止摩擦力（起動摩擦力）であり，それ以後

が動摩擦となる．動摩擦は最大静止摩擦より小さいことが多く，そのため摩擦力はそれ以後，最大静止摩擦より低い値で変動する．このようなばねで支持され，最大静止摩擦が動摩擦より大きい系では7.9.1項で述べるように付着滑り振動が起きるので，注意が必要である．

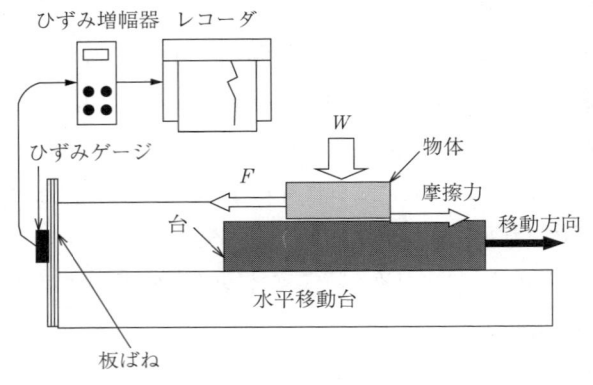

（a）測定装置概要

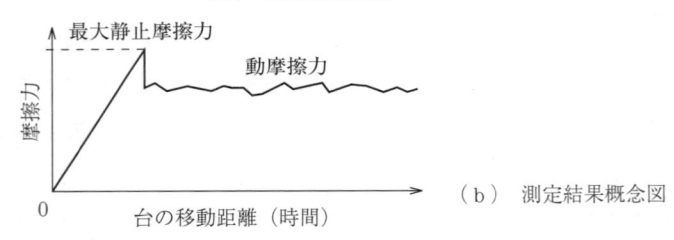

（b）測定結果概念図

図7.2 ひずみゲージによる摩擦の測定

7.3 アモントン-クーロンの摩擦法則

一般的な無潤滑状態の滑り摩擦において，経験的に成立する法則として以下の四つがある．

第1法則：摩擦力は垂直荷重に比例する．

第2法則：摩擦力は見掛けの接触面積には無関係である．

第3法則：摩擦力は滑り速度には無関係である．

第4法則：最大静止摩擦力は動摩擦力よりも大きい。

　第1，第2法則は前節のようにダビンチが発見しているが，発表されていなかったため，1699年にフランスのアモントン（Guillaume Amontons）により，さらに1781年にクーロンにより再発見され，さらに第3，第4法則がクーロンにより追加されている。現在，これらの法則は二人の名前をとって**アモントン–クーロンの摩擦法則**，あるいは，単に**クーロンの摩擦法則**と呼ばれている。これらはクーロンが造船工場の船の進水式を滞りなく進めるために研究したものであり，大荷重で低速の場合にはかなり一般的に成立することと，第1法則から摩擦係数が一定であることが導かれ，種々の予測に便利なことから広く使われ，高等学校の理科でも教えられている。

7.4　摩擦力の発生原因

　このような摩擦力はどのようにして発生するのかについて，昔からいろいろなモデルが考えられてきた。これらには以下のようなものがある。

[1]　凹凸説（図7.3）

　摩擦力は，表面凹凸を乗り越えるための上下動による位置エネルギー変化とする考え方。1785年に摩擦法則の第1，第2両方を説明できる機構としてクーロンにより提案された。この考えでは，図7.3のように摩擦面どうしの凹凸がかみ合い，運動を継続するためには凸部が斜面を登ることが必要であり，そのための力が摩擦力になると提案された。しかし，6.2節で述べたような真実接触面積に関する知見が得られたこと，凸部を乗り越えた後は逆に加速する方向に力が加わるため，平均的に見るとこれらは相殺されて抵抗とならないと考えられることから，現在では通常の荷重，寸法レベルの摩擦の発生原因としては

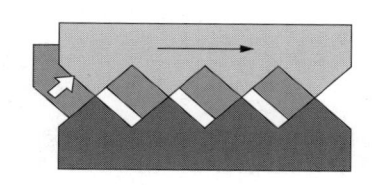

図7.3　摩擦発生原因（凹凸説）

否定されている．これに対し，以下の二つの摩擦発生機構では，摩擦係数は接触面の表面粗さには依存せず，実際の測定でも摩擦係数は普通の機械では表面粗さに依存しないことから摩擦の第1，第2法則を説明できると考えられている．

ただし，荷重が非常に小さいとき，あるいは，表面粗さが小さいときには，摩擦係数が増加するように見えることがある．これについては，7.8節で説明する．

[2] 凝着効果（図7.4）

摩擦力は真実接触面をせん断するのに必要な力とする考え方である．現在，通常の機械装置の摩擦の原因として広く受け入れられている．

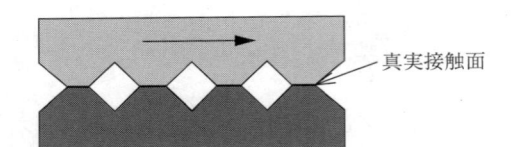

図7.4 摩擦発生原因（凝着効果）

摩擦力発生モデルでは，摩擦法則をすべて説明できる必要があるが，初期には凝着効果では第1法則は説明できても第2法則の説明が難しく，凹凸説が優勢であった．しかし，20世紀後半に真実接触面積の測定が進められ，これが荷重と比例することが明らかとなりこの説が定着した．

凝着効果では，摩擦力は各真実接触点でのせん断降伏応力の和と考える．式(6.10)で説明したように真実接触点ですべて塑性変形が生じていると，荷重 W，軟らかい材料の硬さ H の場合，真実接触面積 $S_r = W/H$ となり荷重に比例する．これとせん断降伏応力 τ との積が摩擦力であり，摩擦力 F は次式のように荷重に比例することになる．

$$F = \tau S_r = \tau \frac{W}{H} \tag{7.2}$$

[3] 掘り起こし効果（図7.5）

相対的に硬い突起が相手面に食い込み，塑性変形により摩擦こんを形成しな

7.4 摩擦力の発生原因

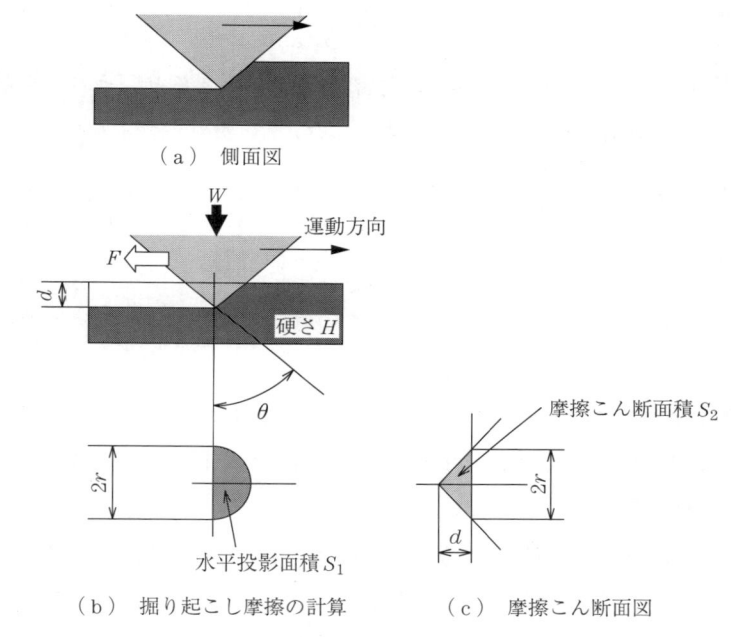

(a) 側面図

(b) 掘り起こし摩擦の計算　　(c) 摩擦こん断面図

図 7.5　摩擦発生原因（掘り起こし効果）

がら進むための力を摩擦力とする。材料の硬さが大きく違うとき，あるいは繰り返し摩擦の初期に表れることが多い。

　硬い円すいが軟らかい平面に食い込みながら進む場合の抵抗力を，図 7.5 により説明する。この場合，突起が変形しないとすると，接触面は円すいの進行方向半円であるから接触面の水平面への投影面積 S_1 は次式で求められる接触半円半径 r となるまで，押し込まれる。

$$S_1 = \frac{r^2\pi}{2} = \frac{W}{H} \tag{7.3}$$

式 (7.3) から次式が導かれる。

$$r^2 = \frac{2W}{\pi H} \tag{7.4}$$

このとき，円すい突起は深さ d だけ侵入しており，円すいの頂角を 2θ とすると，摩擦こんの断面積 S_2 は次式で求められる。

170　　　7. 摩擦（二表面間の相互作用力）

$$S_2 = rd = r\left(\frac{r}{\tan\theta}\right) = \frac{r^2}{\tan\theta} = \frac{2W}{\pi H \tan\theta} \tag{7.5}$$

この状態で干渉部分を進行方向に塑性変形させるとすると，そのときの水平方向分力である摩擦力 F は次式で求められる．

$$F = S_2 H = \frac{2W}{\pi \tan\theta} \tag{7.6}$$

したがって，摩擦係数は

$$\mu = \frac{2}{\pi \tan\theta} \tag{7.7}$$

となる．

凝着摩擦の式（7.2）と同じようにアブレシブ摩耗でも摩擦力 F は荷重 W に比例し，摩擦係数は頂角 θ の $\tan\theta$ に反比例する．また，この場合には摩擦力 F は材料の硬さ H によらない．

このような摩擦状態が継続すると，軟質材は摩耗するため，機械装置としては望ましくなく，掘り起こし摩擦が発生しないように設計されることが普通である．

ここでは硬質突起について説明したが，硬質材が平面で軟質材に突起があった場合には，軟質突起は硬質平面により塑性変形するため，最初の摩擦では大きな摩擦力を示すが，2 回目以降は突起の高さが低下しており，軟質突起通過時の摩擦力はしだいに低下する．

[4] 弾性履歴損失効果（図 7.6）

弾性変形で荷重増加時と減少時の応力ひずみ線図が一致しない弾性履歴によるエネルギー損失による摩擦力である．図 7.6（a）のような接触状態で時計回りに回転したとき，接触点では弾性変形による接触反力が発生する．この反力は，中央より右側で回転を減速する方向に働き，左側では回転を加速する．ここで，弾性履歴が大きい材料では右側の反力が左側より大きくなり，弾性変形による反力が回転を減速させる摩擦として作用する．弾性変形の大きいゴムの転がり摩擦の場合に顕著となる．

(a) 接触状態

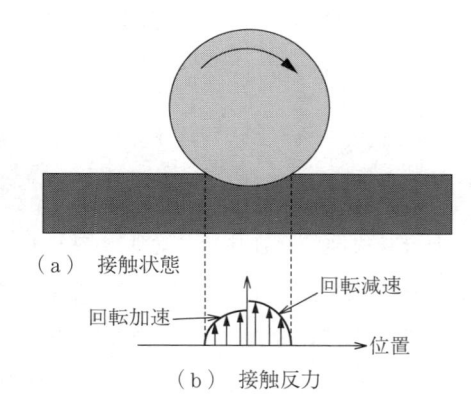

回転加速　回転減速

位置

(b) 接触反力

図 7.6　摩擦発生原因（弾性履歴損失効果）

7.5 転がり摩擦

　鉛筆は普通六角柱であるが，これは円柱だと机の上で転がってしまうからである。このように，球あるいは円筒では接触点で滑りがなくとも，重心位置を移動させることができるため，転がり摩擦は非常に小さい。普通 $0.01 \sim 0.001$ 程度の値を示し，その測定が困難であるため，転がり摩擦の成因についての解析を困難にしている。これまでに以下のような原因が研究されている。

（1）微小滑り：マクロには純転がり運動でもミクロには滑っている部分があり，その摩擦が原因であると考える。

（2）弾性履歴損失効果：7.4節［4］で述べたひずみ増加時と減少時の力の差による損失。

（3）多角柱効果：回転体あるいは移動面の凹凸が大きいとき，その部分での力に逆らった移動が摩擦になると考える。

（4）差動滑り：転がり軸受のように円弧断面の溝の中を球が転がるとき，溝の底部と側面では，球の円弧面との接触半径が異なるため，速度差が生じ摩擦となる。ヒースコート滑りと呼ばれる。

　（1）の微小滑りは，ゴムローラで軟質材の摩擦送りをする場合にも発生する。また，タイヤと路面の摩擦では固着域と滑り域があり，摩擦力（駆動力）

が大きくなるとともに滑り域が広がり、固着域がなくなったところでスリップが始まる。

7.6 摩 擦 係 数

レオナルド・ダビンチは，摩擦力は垂直荷重に比例することを発見していた。二つの数値が比例関係にあるときには，比例定数が知りたくなる。彼は「摩擦抵抗はその重量の1/4に等しい」として，摩擦力 F と垂直荷重 W との比 $\mu = F/W$ を摩擦係数として導入している。この値は，当時一般的な機械材料であった「木-木」「木-金属」の場合の最近の実験による測定値 0.2〜0.6 の範囲内にあり，当時としては十分正確な測定であった[2]。アモントンも「摩擦抵抗は荷重の1/3に等しい」として，摩擦係数を求めている[3]。

式（7.2）から摩擦係数 μ を計算すると，次式のようになる。

$$\mu = \frac{F}{W} = \frac{\tau}{H} \tag{7.8}$$

この式から，摩擦係数が垂直荷重 W によらないことが再確認できる。また，各種材料を用いても，摩擦係数 0.1〜1.0 の間にあり，あまり大きく変化しない。これは通常の摩擦面には図 5.5，5.6 で示したように空気中の有機物などが吸着しており，せん断降伏応力はこれらの汚染物質により決められているためと考えられている。これらは，境界潤滑として汚染物質を潤滑剤と考えて 2.3 節で説明した。

7.7 メカトロニクス機器のための摩擦法則（拡張摩擦法則）

アモントン-クーロンの摩擦法則は，16〜18世紀に明らかになった経験法則である。本書の主題であるメカトロニクス機器あるいは，マイクロマシンではその寸法がマイクロメータオーダとなり，また磁気ディスク装置（HDD）ではヘッド，ディスク等の部品の表面粗さ，あるいは磁気ヘッドとのすきまはナ

7.7 メカトロニクス機器のための摩擦法則（拡張摩擦法則）

ノメータレベルになっている。一方で，接触点に加わる垂直荷重は1 N以下と小さくなっている。そのため，従来の摩擦法則では無視されていた垂直荷重（外力と自重の合力）W以外の力の影響が無視できなくなっている。垂直荷重以外の力としては，液体の表面張力によるメニスカス力，分子間引力であるファンデルワールス力，静電気力，磁気力などがある。外部から機械的力を受けない磁石が垂直な冷蔵庫側面で滑り落ちないのは，磁気力が引力として作用し，摩擦力が増加しているからである。

摩擦点に加わるこれらの垂直荷重以外の垂直力の合力をW'とし，真実摩擦係数をμ'とすると，摩擦法則のさらに一般的な形として次式が定義できる。

$$F = \mu'(W + W') \tag{7.9}$$

これは，**マイクロトライボロジーの摩擦法則**あるいは**拡張摩擦法則**と呼ぶべきものである。この式で$W' = 0$であれば従来の摩擦法則になる。しかし，$W' \neq 0$のときには垂直荷重$W = 0$でも摩擦力Fは0とならず，従来どおりの見掛けの摩擦係数を$\mu = F/W$で計算すると，$W = 0$でμは無限大となる。これを避けるためには，**真実摩擦係数**μ'を次式で計算する必要がある。

$$\mu' = \frac{dF}{dW} \tag{7.10}$$

このように，メカトロニクス機器では拡張摩擦法則を考える必要がある。拡張摩擦法則は，従来の摩擦法則では外力と自重の合力と考えていた垂直荷重に，さらに表面間力を加えたと考えれば理解しやすいであろう。

図7.7に，極微小荷重における，垂直荷重Wと摩擦力の関係をモデル的に示す。通常の摩擦法則では表面間力$W' = 0$であり，破線のように摩擦力Fは垂直荷重Wに比例する。しかし，表面間力$W' > 0$のときには摩擦力Fは実線のようになり，垂直荷重0で摩擦力Fは有限の値を示す。垂直荷重と摩擦力の関係は直線に近く，原点を表面間力W'だけ左にずらせて拡張摩擦法則（式(7.9)）で真実摩擦係数一定として考えてよいことがわかる。この差の原因となるW'については，次節で説明する。このときの摩擦係数の変化を図7.8に模式的に示す。従来の摩擦係数の計算式をそのまま適用すると，実線で

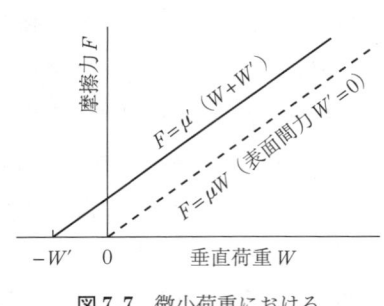

図7.7 微小荷重における摩擦力変化モデル

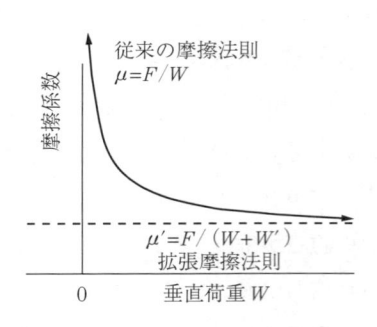

図7.8 微小荷重における摩擦係数変化モデル

示したように外部荷重が0に近づくとともに摩擦係数は無限に大きくなってしまう。破線で示した拡張摩擦法則から計算される真実摩擦係数を考えると現象が理解しやすいことがわかるであろう。

7.8 表面間力による摩擦係数の増加

摩擦力を増加させる**表面間力** W' の原因としては，表面張力によるメニスカス力，静電気力，ファンデルワールス力などがある。静電気力は導電性材料を使用して電位差を除去することにより，また磁気力は非磁性材料を用いることにより0とすることができるのでここでは省略する。以下では摩擦について特に問題となるメニスカス力，ファンデルワールス力の二つについて簡単に説明する。

7.8.1 メニスカス力

メニスカス力は，二面の間の液体の表面張力により生じる力である。乾いた紙束（例えば，札束）の枚数を数えるとき，指先をしめらせて手と指との摩擦を増加させることがある。精密測定用のブロックゲージでは複数個を使用するとき，表面間に極少量の油を入れて**リンギング**により密着させる。これらは，介在する液体（水，油）の表面張力によるメニスカス力を積極的に応用した例

7.8 表面間力による摩擦係数の増加

である。マイクロマシンでは，メニスカス力は逆に二つの微小構造物を吸着させるため，防止すべきものとなる。9.3.3項では磁気ヘッドと磁気ディスク間のスティックションについて説明するが，これも以下に述べるような機構による，メニスカス力の増加によるものである。

水中に清浄な細いガラス管を入れると，**毛細管現象**として知られるように中の水面は図 7.9 に示すように，周囲より高くなる。これは，ガラス管内面を水がぬらし，両者間の表面張力により水面が上に引き上げられるからと説明される。これを水面直下の圧力で考えると，管外では 1 気圧であるが，管内では表面張力により 1 気圧より低くなっている。この圧力差はラプラス圧力と呼ばれる。管内の液体はこの圧力に比例した高さまで上昇する。

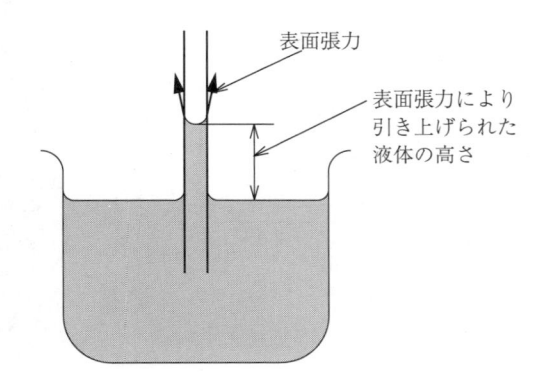

図 7.9 毛細管現象のモデル

摩擦力への影響を考える場合には，図 7.10 のように間隔 h の水平二平面間に表面張力 γ の液体が介在し，両面と接触角 θ で接触したときを考える。このときの**ラプラス圧力** p は，次式で表される。

$$p = \frac{2\gamma\cos\theta}{h} \tag{7.11}$$

このときの液体がぬらす面積を S とすると，二面を引き付ける方向に働くメニスカス力は次式で計算される。

$$F_m = pS = \frac{2\gamma S\cos\theta}{h} \tag{7.12}$$

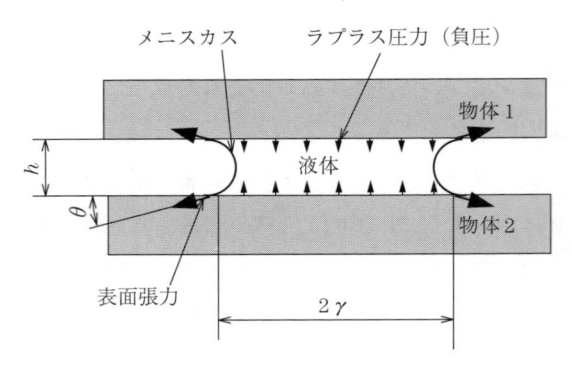

176   7. 摩擦（二表面間の相互作用力）

図 7.10 表面張力とラプラス圧力

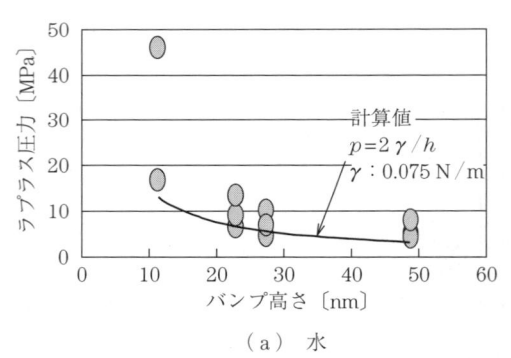

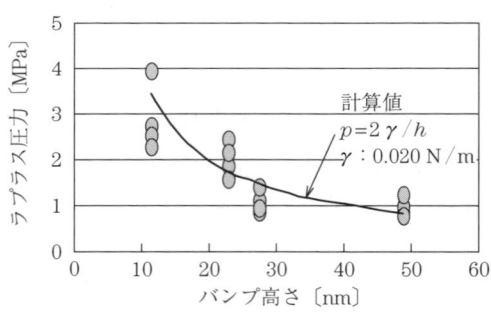

(a) 水

(b) フッ素系潤滑剤

図 7.11 ラプラス圧力実測値[4]

このようにメニスカス力は二面のすきまに反比例する。二面のすきま h はそれぞれの面の最大高さ R_{p1}, R_{p2} から $h = R_{p1} + R_{p2}$ で概算される。このように表面粗さが小さくなり,二面が接近できるようになるとメニスカス力は増加する。

ブロックゲージでも表面が非常に平滑に研磨されており,リンギングが発生する。**図7.11** には,磁気ディスク表面に一定高さの突起を形成して測定したラプラス圧力を示す[4]。間隔20nm台では100気圧程度の負圧となり,メニスカス力の影響が大きくなることがわかる。また,式(7.12)に示されるように,この力は間隔に反比例するため,つぎのファンデルワールス力より遠距離で働く。ブロックゲージあるいはヘッドディスク表面は,19世紀の標準的な表面と比較し,格段に平滑であり,現代の機械装置ではつねにメニスカス力を考えて表面設計する必要がある。

7.8.2 ファンデルワールス力

ファンデルワールス力は中性原子にも働く力で,原子中の原子核と電子が作る電場が長い時間で見ると平均的には0となるが,瞬間的には0ではないことから周囲の原子と相互作用して原子間の力として現れたものである。平行二平面間に働くファンデルワールス力による付着圧力 P_v は次式で求められる。

$$P_v = \frac{A}{6\pi h^3} \tag{7.13}$$

ここで,A はハマーカー(Hamaker)定数と呼ばれ,$0.4 \times 10^{-19} \sim 4 \times 10^{-19}$ J の範囲にある。$A = 1 \times 10^{-19}$ J とし,$h = 10$ nm とすると $P_v \fallingdotseq 5$ kPa と約1/20気圧程度となる。付着圧力は間隔 h の3乗に反比例するため,$h = 1$ nm では50気圧となる。間隔が数nm以下では大きな影響を持つようになる。最近の磁気ディスク装置ではヘッドディスク間隔が数nmを視野に入れていることから,ファンデルワールス力の影響が研究されている。

7.9 摩擦による運動性能の低下

摩擦は，運動を妨げる方向に働く。すなわち，摩擦力は**図7.12**に示すように，静摩擦と動摩擦で大きさが異なり，さらに速度の方向が逆になればその方向も逆になる。機械装置では摩擦力が変化するとき，あるいは相対運動の方向が変わって摩擦力の働く方向が変化した場合に，装置の動作性能が低下することになる。以下にそのような性能低下の代表的なものとして，付着滑りと，位置決め精度の低下について説明する。

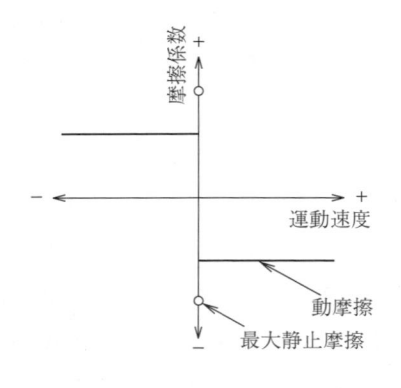

図7.12 運動方向と摩擦力

7.9.1 付着滑り（スティックスリップ）

相対運動する物体の支持部にバネ要素が存在すると，摩擦時に振動が発生することがある。身近なものとして自転車あるいは自動車のブレーキの鳴き，あるいはタイヤの鳴きがある。これは，付着滑り（スティックスリップ，stick-slip）と呼ばれ，最大静止摩擦が動摩擦より大きい，あるいは摩擦が相対速度の増加とともに減少するときに生じる。

自転車の前輪のブレーキでは，ゴムブレーキシューで車輪をはさみ摩擦により停止させる。このとき，ブレーキシューあるいは固定部は摩擦力により容易に変形するので，**図7.13**（a）のようにばね要素と考えることができる。このときのブレーキシューの変位を図（b）に示す。ブレーキシューの間隔を

7.9 摩擦による運動性能の低下

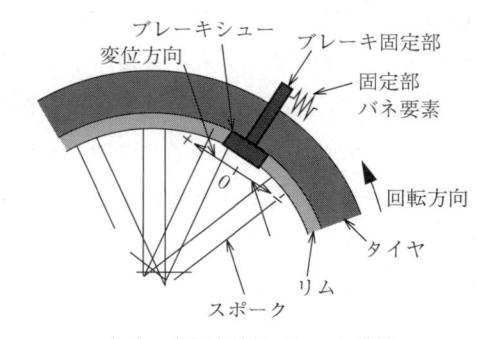

（a）自転車前輪ブレーキ構造

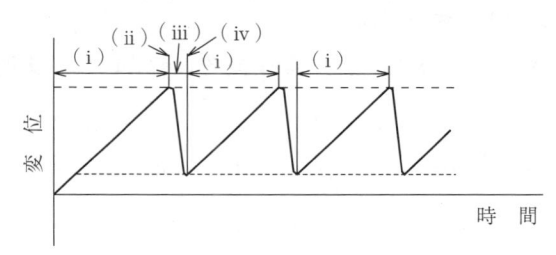

（b）ブレーキシューの変位

図 7.13 スティックスリップ（自転車ブレーキの例）

狭め，車輪に接触させると，ブレーキの前後方向に摩擦力が働き，（i）のようにブレーキは車輪に固着して回転方向に進む．回転角度が大きくなると，ばね要素の変位が増加し，ブレーキを後ろに戻そうとする力が増加する．この力がブレーキと車輪との間の最大静止摩擦力を超えると，（ii）点からブレーキは後方に戻り始める．いったんブレーキと車輪が滑り始めると，動摩擦は最大静止摩擦より小さいので，（iii）の範囲でブレーキはばね力によってさらに後方に戻る．この動きは（iv）点で終わり，ブレーキはまた摩擦力により前方に動き始める．このとき，ブレーキと車輪との相対速度が0となると，ブレーキと車輪が再び固着する．これ以後は（i）〜（iv）を繰り返し，振動が継続することとなる．

自動車のブレーキ，クラッチでは乗り心地に直接響くため，付着滑りによる鳴きの防止は重要課題である．それには，ばね定数を大きくすること，速度に

よる摩擦係数の変化を小さくすることが必要となる。特にクラッチでは摩耗防止のためクラッチオイルが使われており，相対速度の増加とともに流体力が発生して摩擦係数が低下することが多い。これに対しては，クラッチ面に繊維系の材料を用いるなどにより，速度の増加とともに摩擦係数が増加する特性を実現し，付着滑りの発生を防止するなどの対策が取られている。

メカトロニクス機器でも付着滑りが発生すると装置が振動するため，性能への影響が大きく発生を防止する必要がある。

7.9.2 摩擦による位置決め誤差

摩擦力のある位置決め系では運動方程式が速度の方向により変化し，つぎのように表される。

$$m\frac{d^2x}{dt^2} + c\frac{dx}{dt} + kx = -F \qquad \left(\frac{dx}{dt}>0\right)$$
$$m\frac{d^2x}{dt^2} + c\frac{dx}{dt} + kx = F \qquad \left(\frac{dx}{dt}<0\right) \tag{7.14}$$

この式からわかるように，摩擦のある制御系では運動を妨げる方向に働く摩擦力を，運動方向に応じて考慮する必要がある。単純な比例制御による位置決めでは，駆動力は目標位置からの偏差で決まるため，偏差が小さくなると駆動力も低下し，どこかで駆動力が動摩擦力より小さくなる。そのときに持っていた運動エネルギーによるが，例えば**図 7.14** に示されるような変位変化を示す。ここで示される範囲は F/k で代表され，この系の**位置決め分解能**とすることができる。偏差を小さくするためには，動摩擦係数を小さくすることと同時に，制御系のゲインを上げることが必要となる。

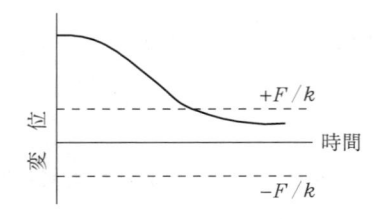

図 7.14 摩擦による位置決め誤差

摩擦のあるガイド上で往復するテーブルの動きを考えるときには，運動方向が変わったときに摩擦力の方向が変わることの影響が明確に表れる。回転運動をクランク機構を用いて往復動作に変えるとき，クランク機構に遊びがあると方向反転時の静止時間が増加する。遊びの大きさだけクランクが回転した後，テーブルは反対方向に動き出す。このときには駆動部分の速度は上がっており，テーブルは静止状態から急加速される。高精度の運動が必要な場合には，遊びをなくす，あるいは予圧をかけるなどが必要である。数値制御工作機械では，運動方向により摩擦の方向が変わることが形の誤差に表れる。NCフライス盤，マシニングセンタ等で円筒を削る場合，刃物はx，yの2方向に同期して動く。このとき，それぞれの方向が逆方向になるときに上の現象が起きる。この現象は**象限誤差**と呼ばれている[5]。

　また，メカトロニクスで多用されるボールねじ，あるいは直動ころがり案内による位置決めの場合，ころがり要素の非線形ばね特性が，サブミクロンの位置決めを行う場合に問題となる。転がり要素においても7.5節のように微小とはいえ転がり摩擦があり，静止状態から回転させるまでには一定の力が必要となる。駆動力がその力以下の場合，転がり要素ではボールと転がり面は固着していると考えられる。その場合には力学的には荷重と変位が比例しない非線形の特性を持つばねを考えることになる。弾性領域による誤差は，高精度位置決めを転がり要素で実現するときにボールねじの回転角とステージの移動量が比例しない原因となり，考慮すべき課題となっている[6]。

7.10　摩擦力の制御

　摩擦力はブレーキなどの場合には大きい値が望ましいが，位置決め機構などでは小さいことが望ましい。そのため，その低減あるいは増加のための方法が広く研究されている。

7.10.1 摩擦力の低減

摩擦力を低減するための最も効果的な方法は3, 4章で説明した流体潤滑状態を実現することである。これにより0.01以下の非常に小さい摩擦係数も実現することができる。

流体潤滑状態を実現できない場合については，式（7.8）から，二面の間のせん断降伏応力を小さくすること，材料の硬さを大きくすることが摩擦係数を小さくするために有効であることが導かれる。これを実現するための摩擦係数低減法のモデルを図7.15に示す。図（a）の組合せと比較し，図（b）では物体の硬度を上げており，真実接触面積の低減により摩擦係数を低減している。図（c）では二面間にせん断降伏応力の低い材料を加え，摩擦係数を低減させている。両者を組み合わせた図（d）が最も摩擦係数を小さくすることができる。機械式時計に用いられる宝石軸受は高硬度のサファイア等の宝石を用いることにより，図（b），（d）のように摩擦係数を下げている。図（c），（d）のせん断降伏応力が小さい材料は普通潤滑剤と呼ばれる。これについては2章で説明したように，液体あるいは固体潤滑剤が使用可能である。

以上の従来からの摩擦低減方法に加え，外部荷重の小さいメカトロニクス機器では，7.8節で説明した表面間力の影響を考慮する必要がある。

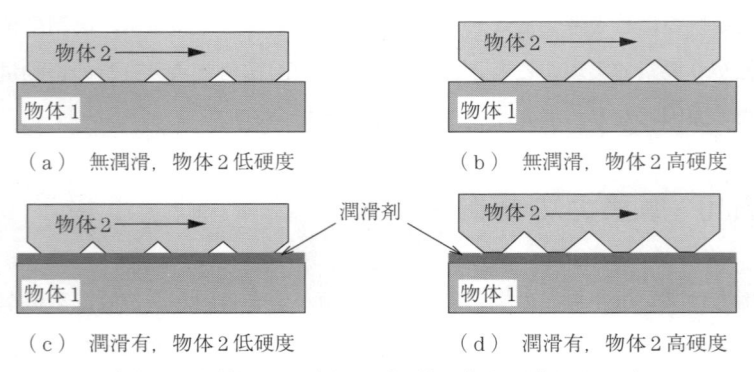

（a）無潤滑，物体2低硬度
（b）無潤滑，物体2高硬度
（c）潤滑有，物体2低硬度
（d）潤滑有，物体2高硬度

物体1：硬質材　　物体2：軟質材（接触面積を決める）
潤滑剤：（低せん断抵抗材料）

図7.15　摩擦係数低減のための方法

7.10 摩擦力の制御

式 (7.9) のように表面間力は外部荷重と同様に働くため，これを小さくする必要がある。代表的な表面間力であるラプラス圧力（負圧），ファンデルワールス圧力はともに二面の間隔が小さくなると増加する。そこでこれら表面間力の影響を小さくするためには，二面の間隔を広くすることが重要であり，両者は圧力であることから接触面積を小さくすることが有効となる。その一つの例としてマイクロマシン（MEMS）における表面間力対策例を図 7.16 に示す[7]。マイクロマシンでは微小な部品を狭いすきまを隔てて配置し，微小な力で駆動するため，メニスカス力の影響が大きくなる。図は静電モータにおけるメニスカス力低減対策の例で，表面にある静電モータの回転リングを支える部分はエッチングにより突起が形成されており，両者の接触面積を低減することによりメニスカス力を低減し，摩擦力を減らしている。もう一つの例である，

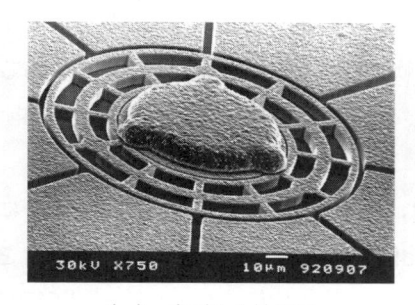

（a）表面から見た図

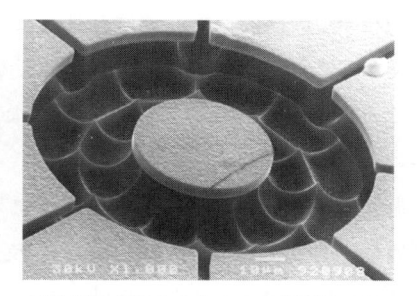

接触面積を減らすための突起が見える。
（b）移動リングと止め部品を除いた図

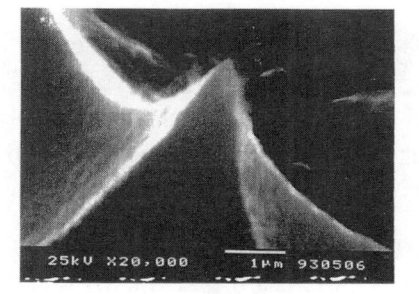

（c）突起部拡大図

図 7.16 マイクロマシン（MEMS）静電モータのメニスカス力低減対策
（東京大学生産技術研究所藤田博之研究室提供）[7]

磁気ディスク装置の場合については，図9.6で説明する。

7.10.2 摩擦力の増大

自動車ではブレーキ，クラッチ，あるいはタイヤと路面の間の摩擦は極力大きく保ちたい。そのためには流体潤滑状態を避けることが第一の課題となる。そのため，ブレーキ，クラッチでは流体力を低減するため摩擦面を多孔質とすることが有効であり，繊維質材料を固めた摩擦面が用いられる。また，高圧が加わると固体化する特殊な潤滑油も開発されている。タイヤでは，路面との間の水を排除するための凹凸（トレッド）が工夫されている。

潤滑油が存在しない場合の凝着摩擦増大には，式（7.8）から2面間のせん断降伏応力を大きくすること，真実接触面積を大きくすることの二つがあることがわかる。真実接触面積は材料の硬さに反比例することから，材料の硬度を低くすることが有効である。ゴムなどの軟質材料が摩擦を増大する必要のあるところによく用いられる。プリンタなどの紙送り機構の例を9.4節に説明する。

掘り起こし効果が期待できる場合には，摩擦係数は式（7.7）に示すように摩擦係数は突起の頂角 θ の $\tan\theta$ に反比例する。すなわち，突起先端角度を小さく，鋭角にすることが有効であり，容器の蓋の縦筋，ローレット加工等が工夫されている。

7.11 まとめ

本章の内容を簡潔に箇条書きでまとめるとつぎのとおりである。
（1） 運動を妨げる力摩擦は，静摩擦と動摩擦に分けられ，動摩擦はさらに滑り摩擦と転がり摩擦に分けられる。
（2） 滑り摩擦の原因としては真実接触面のせん断による凝着摩擦と硬質突起のひっかきによる掘り起こし摩擦がおもなものである。
（3） これまでの摩擦では垂直荷重 W として外力と重力の合力を考え，

「摩擦力 F は垂直荷重 W に比例する」($F = \mu W$) とするクーロンの摩擦法則が考えられてきた．
(4) メカトロニクス機器では外部から加わる力に加えて表面間力 W' の影響が無視できなくなり，$F = \mu'(W + W')$ とする拡張摩擦法則を考える必要がある．
(5) 表面間力 W' としては二面間に介在する液体の表面張力によるメニスカス力が大きい．
(6) 摩擦による運動性能の低下には，付着滑り（スティックスリップ）と，位置決め精度の限界がある．
(7) 摩擦の大小の制御には，流体潤滑状態の制御とともに式 (7.2)，(7.6) の応用が鍵である．

表面損傷：摩耗と焼付き

この章では二表面間の相互作用で摩擦力と並んで重要な，表面損傷について学ぶ。二表面の相対移動による表面の形の変化は，加工を研究する場合には増加させたい量である。しかし，トライボロジーではその形の変化低減が目的となる。変化してほしくないとの意味を含めて表面損傷と呼ばれる。これらのうち，摩耗と焼付きはメカトロニクス機器では大きな問題となる。この章では損傷の分類，発生状態，摩耗量を決める因子，摩耗量の予測方法，焼付きを引き起こす摩擦点の温度上昇について説明する。

8.1 メカトロニクス機器における表面損傷の意味

メカトロニクス機器の代表の一つである磁気ディスク装置（HDD），VTRのような情報記録機械では，軸受面がそのまま情報記録面となっている。そのため，軸受面が損傷されることは情報が失われることを意味するので，極力防止することが必要になる。また，レーザプリンタでも心臓部である感光ドラムはトナーのクリーナなどと相対運動をしている。感光ドラム表面に傷が入るとそこにトナーが付着し，望ましくないパターン（特に紙送りに平行方向の線）が紙面に印刷されることになるので，損傷を発生させない設計が必要である。これらは，一般の滑り軸受などでは回転位置を保っている限り，軸受面の多少の損傷は許容される点とは対照的であり，メカトロニクス機器では損傷防止が重要であることを示している。表面損傷の中で最も一般的なものは，表面物質

8.1 メカトロニクス機器における表面損傷の意味

が除去される摩耗である。

また，摩擦に伴って生じる表面温度の上昇による焼付きもメカトロニクス機器では大きな問題となる。焼付き（温度上昇）は，通常の軸受などであれば最初は変色程度の損傷であるが，磁気記録媒体では温度上昇により磁気的情報が失われる，あるいは磁気ヘッドのノイズとなるため，大きな問題となる。さらに，記録媒体の材料が焼付きにより記録再生ヘッドに融着すると，磁気ヘッドはそれ以後，表面を通過する記録媒体に連続的に傷を付けるために記録情報が失われ，さらに大きな問題となる。これは HDD では**ヘッドクラッシュ**と呼ばれ，特にその防止に大きな努力が払われている。ヘッドクラッシュの発生した HDD を分解して取り出した磁気ディスク表面の損傷を図 8.1 に示す。内周部分に円形に傷が入っており，記録されていた情報は再生不能である。損傷の程度は非常に軽微でも，影響が大きい。このような損傷の発生を防止することが，メカトロニクス機器のトライボロジー技術の大きな課題である。

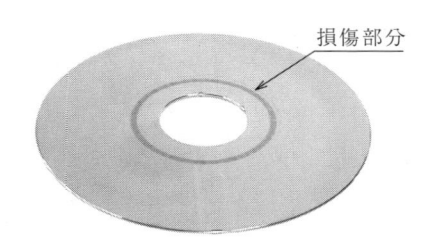

図 8.1 ヘッドクラッシュ損傷ディスク表面

一方で，このような損傷は発生確率を小さくすることは可能であるが，ゼロにすることは非常に難しいことをトライボロジーを学んだ者として記憶してほしい。絶対に失いたくない情報を HDD に記憶する場合には，必ず復帰するためのバックアップを別の機器に保存する必要がある。バックアップがなく途方に暮れるものは，トライボロジスト失格である。また，ロケット，人工衛星のような宇宙機器では，燃料系統等に機械的運動が必要な制御機器がある。これらは高価な物は少なく，開発時にその重要性が見落とされがちである。しかし，これらにはバックアップ装置を設けることが困難であり，損傷あるいは動作不良は致命的な不具合の発生につながる[1]。このようなことを一般の人に伝

えることもトライボロジストの一つの務めであり,小額の機器のトライボロジー的動作不良のために高額のシステムの機能が失われないようにするために,十分に準備することが重要である。

8.2 摩耗の発生メカニズム

表面損傷として重要である摩耗をミクロに見た場合のおもな分類と発生メカニズムについて考える。**摩耗**は「摩擦による固体表面部分の逐次減量現象」[2)]と定義される。この定義から考えると,その原因は機械的なものばかりでなく,化学的,物理的な効果が加わってもよく,およそ以下のように分類される。

(a) 機械的摩耗
- (1) アブレシブ摩耗
- (2) 凝着摩耗
- (3) 疲労摩耗
- (4) フレッティング
- (5) エロージョン
- (6) フレーキング
- (7) スミアリング
- (8) ピッチング
- (9) スコーリング
- (10) スカフィング

(b) 化学的作用の加わった摩耗
- (11) 腐食摩耗
- (12) メカノケミカル摩耗

(c) 電気的作用の加わった摩耗
- (13) 電食

以下,これらについて簡単に説明する。

(a) **機械的摩耗**

(1) **アブレシブ摩耗** 硬い地面に皮膚がこすりつけられると,ひっかき傷ができ血が出る。このような硬いもので軟らかいものをこすったときには,紙やすり(abrasive paper)で研磨したときと同じような形で軟らかい側が除去される。図8.2に示すように硬い材料の突起やあるいは外部から進入した硬い粒子が一方の材料を削って発生する摩耗である。このような摩耗を,アブレシブ摩耗(abrasive wear)と呼ぶ。歯磨き粉の中の研磨剤により歯のエナメ

(a) 鳥瞰図　　(b) 接触面　　(c) 断面図

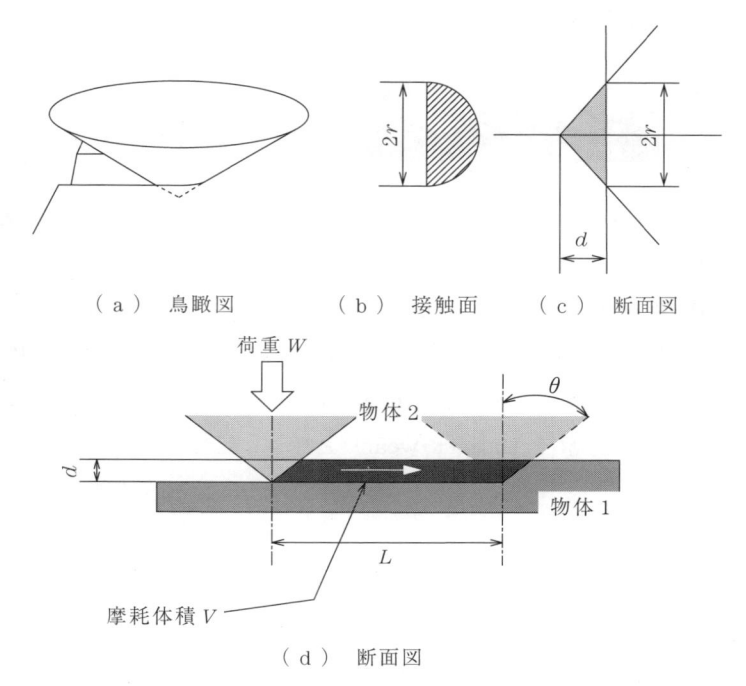

(d) 断面図

図 8.2　アブレシブ摩耗のメカニズム

ル質がすり減るのもこのアブレシブ摩耗である。

(2) 凝着摩耗　鉛筆文字を消しゴムで消す場合，文字は消しゴムによって取り除かれる。消しゴムは紙やすりのように紙を削らず，また紙を腐食することもない。この場合には消しゴムと鉛筆の文字が接触し，接触点での鉛筆粉と消しゴムの付着強さが紙と鉛筆粉との付着強さより強いため，鉛筆粉が消しゴムの側に付着して鉛筆文字が消える。学生に身近な例としては黒板に白墨で書く場合がある。これを白墨の摩耗と考えると，白墨と黒板の接触強さが白墨内部のせん断強さより大きいため，白墨は黒板の面で滑るのではなく白墨の内部で滑り，黒板側に摩耗粉が残り文字として見えている。

このように摩擦面どうしの付着力が，内部の結合力を越えたときに摩耗が生じる場合がある。このような摩耗を，凝着摩耗（adhesive wear）と呼ぶ。凝着摩擦が生じている場合に発生する摩耗で，一般的なモデルとしては**図 8.3** の

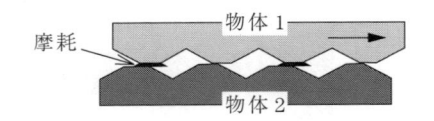

図8.3 凝着摩耗のメカニズム

ように真実接触点でせん断が起こるときに，せん断する面がどちらかの表面の中になり相手側に移着することを繰り返して進行する。

（3）**疲労摩耗**　針金を繰り返し折り曲げると破断するが，これと同じようにある程度以上の荷重で摩擦を繰り返したときに，表面より少し内側で疲れが蓄積され，図8.4に示すように亀裂が発生し進行していくことがある。このような摩耗を疲労摩耗（fatigue wear）と呼ぶ。転がり軸受に代表的に生じる。

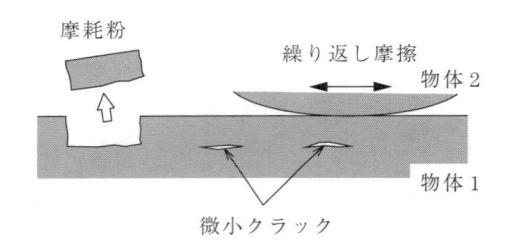

図8.4 疲労摩耗のメカニズム

（4）〜（10）その他の機械的摩耗形態　以上のほかに，微小振動部分に発生する（4）フレッティング，粉体が当たることによる（5）エロージョン，転がり軸受に発生する（6）フレーキング（7）スミアリング，歯車の損傷である（8）ピッチング（9）スコーリング（10）スカフィングなどの摩耗形態が分類されている。

（b）　**化学的作用の加わった摩耗**

（11）**腐食摩耗**　虫歯は口の中の細菌が出す酸により，エナメル質が溶かされてできる穴である。これは歯が化学的に溶かされた摩耗であり，図8.5のように表面に腐食性のものがあると機械的作用がなくとも表面が除去される。これは材料の除去という意味で摩耗と考え，腐食摩耗（corrosive wear）と呼ばれている。

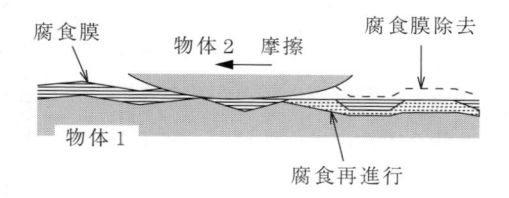

図8.5 腐食摩耗のメカニズム

　腐食摩耗が摩擦点で発生した場合，摩耗は単独より速く進行する．これは，腐食だけでは生成物が腐食点近くに残り，腐食速度がしだいに遅くなるが，この腐食生成物が摩擦により除去されるので，摩耗が早く進むことになるからである．

（12）**メカノケミカル摩耗**　腐食摩耗に類似した摩耗に，メカノケミカル摩耗がある．摩擦材料と雰囲気の組合せにより，単純な機械的摩耗あるいは腐食摩耗だけより摩耗が早く進む場合がある．これを特徴的な意味でメカノケミカル摩耗と呼ぶ．

　メカノケミカル摩耗は逆に考えれば化学的に条件を選ぶことにより摩耗の進行を早められることを意味する．これは，加工技術としては望ましいことである．化学作用は材料による変化が大きく，通常の機械研磨では加工速度の遅い機械的条件（例えば低荷重）でも加工速度を増すことができ，加工による表面の損傷を低減することができる．また，加工速度の異なる材料の共存する表面を同一条件で加工すると，軟質材料が多く加工され，硬質材料が残り，段差が生じ，平坦化に限界がある．この場合にメカノケミカル加工条件を選ぶと，硬質材料と軟質材料の加工速度を近づけられ，平坦化が可能となる．このような加工法は半導体配線面平坦化加工法として広く用いられており，CMP加工（chemical mechanical planarization）と呼ばれている．摩耗が増加する条件はトライボロジー技術者としては好ましくないが，加工には有効であり，両分野の重なりと交流の必要性を示す好例である．

（c）　**電気的作用の加わった摩耗**

（13）**電　　食**　摩擦部分に電位差が加わり，放電，電解が起こると摩耗が促進される．これを電食と呼ぶ．電車のトロリーと架線で火花が飛ぶこ

とはよく観察されており，トロリーすり板の摩耗は放電により加速されている。その他モータの軸受，車軸でも電流が流れるところで発生する。メカトロニクス機器では電気的な駆動部分が多く，摩擦点に電流が流れないように注意する必要がある。特に転がり軸受を使う場合には，注意が必要である。回転していない状態では，転がり軸受の球と内外輪は固体接触しており，有限の抵抗値を示す。しかし，回転を始めると3.8節で説明したように弾性流体潤滑状態となり，球と起動輪との間に潤滑膜が形成され，両者は固体接触せず，電気抵抗は無限大となる。この状態で電位差がかかると電食が発生する。電食の防止には絶縁性のセラミックボールを使うことが最も確実であるが，回転部分が帯電することがある。これを避けるためには，回転軸を電気的に接地（アース）することが有効である。

8.3　摩耗量の測定（摩耗試験法）

材料，装置で摩耗を低減するためには，摩耗量を測定する必要があり，そのためにいろいろな試験法がある。試験片と相手面の形の組合せで呼ばれることが多く，代表的な物としてピン（ブロック/ボール）オンディスク型，リングオンリング型，四球試験などがある。図8.6にピンオンディスク型の試験装置の例を示す。一定速度で回転するディスク上に一定形状の試験片を一定荷重で押し付け，一定時間後の摩耗を測定する。

ピンの摩耗量の測定法としては試験片の重量変化測定が最も単純だが，精度

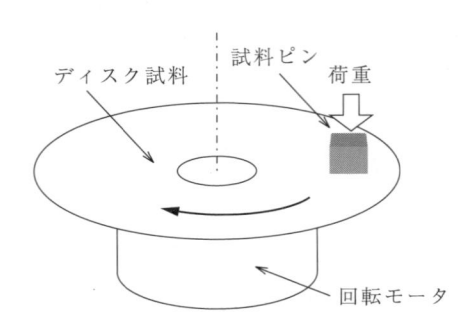

図8.6　ピンオンディスク試験装置

の高い測定にはある程度摩耗量が大きい必要がある．摩耗量が小さい場合にはピンの形状の変化から体積変化を求めることになる．摩耗量が小さく摩擦面が平面で形状変化測定が難しい場合に用いられる方法として，摩擦面に硬さ測定用の圧子あるいは FIB（集中イオンビーム加工，focused ion beam）により微小な凹部を作り，その凹部の深さ減少から摩耗深さを求めることも行われている．

　ディスク試料の摩耗測定は，試料が大型になるため，重量測定では困難なことが多い．摩耗トラックの断面形状を粗さ測定器で測定し，断面積とトラック円周長から摩耗体積を計算することが多い．

　摩耗試験条件は，対象とするトライボロジーシステムに合わせる必要がある．摩耗形態により雰囲気条件，相手面材料，荷重，摩擦速度などを変える．アブレシブ摩耗の場合には，相手面に研磨紙（abrasive paper）を用いることが多く，特にアブレシブ摩耗試験と呼ばれることがある．

　摩擦雰囲気としては酸素の有無の影響が特に大きい．金属材料では酸化膜の形成状態が変化し，人工関節などの場合でも特性が大きく変化するため，細心の注意をする必要がある．

　もう一つの留意点としては，摩擦組合せがつねに一定か，一方の面につねに新しい面が供給されるかを注意する必要がある．HDDのように組合せが一定の場合には次節で説明するように摩耗速度がしだいに低下するが，プリンタ，ATM，郵便区分機のようにつねに新しい紙が供給される場合には摩耗速度が

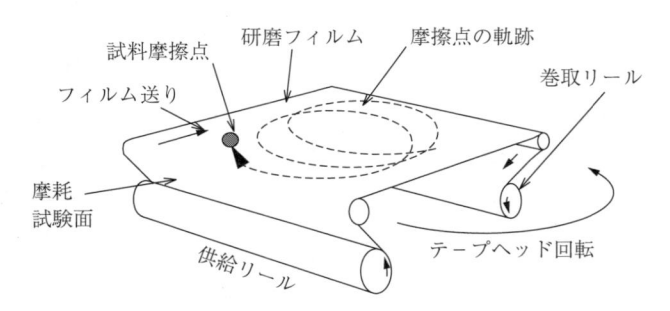

図 8.7　研磨テープ連続送り摩耗試験装置[3)]

一定になる場合が多い。摩耗試験においては一定の組合せの場合は試験が容易だが，つねに新しい面が送られる条件の場合には摩擦相手面をつねに新しくするための工夫が必要となる。ディスク面上を渦巻き状に摩擦する，円筒面上を位置を変えてらせん状に摩擦していく等が考えられるが，摩擦長さが限られてしまう。これに対応するため，図8.7のような研磨フィルムを連続的に送りながら回転させる摩耗試験法が考えられている[3]。

8.4 摩耗の時間的変化パターン

摩耗量の摩擦時間による変化は，その条件により，図8.8のようにいろいろのパターンを示す。

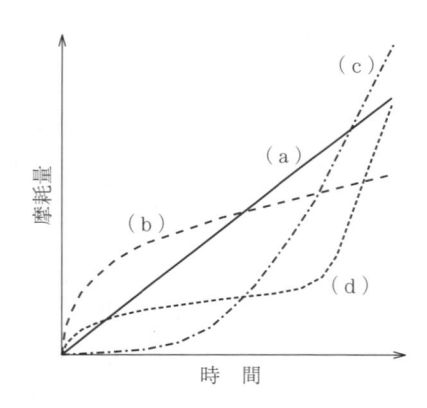

図8.8 摩耗の時間的変化パターン

（a）は基本的な一定の速度で摩耗するパターン，（b）は最初摩耗速度が大きいがしだいに低下するパターン，（c）は最初ほとんど摩耗しないがある時点で突然摩耗が増加するパターン，（d）は（b）と（c）の両方の特徴を持ち，最初摩耗速度が大きいがしだいに摩耗速度が低下し，最後に再び摩耗速度が急増するパターンである。一般の機械では，（b）（d）のように初期には当たりが悪く摩耗が大きく，初期摩耗と呼ばれる。（a）あるいは（b）（c）（d）の中間部分のようにほぼ一定の摩耗速度が続く期間を定常摩耗と呼ぶ。（c）（d）のように稼動の終わりに摩耗が急増する場合を，寿命摩耗

と呼ぶことがある．初期摩耗を小さくし，定常摩耗期間を長くするために摩耗速度を小さくすることが要求される．

8.5 摩耗量の予測

メカトロニクス機器では機能面が摩擦面であることが多く，この面あるいはその面上の保護膜の摩耗が一定値を超えると寿命となる．そのため，保証稼動期間内の摩耗量を予測する必要が生じる．以下では一般的な摩耗速度が一定な場合，および，摩擦による表面粗さの低減などにより摩耗速度がしだいに低下する場合について説明する．

8.5.1 摩耗速度が一定な場合（アーチャードの摩耗法則）

図 8.8 で最も一般的な（a）のように摩耗速度が一定で摩耗量が直線的に増える場合についての予測方法について説明する．

凝着摩耗では，単位距離摩擦したときに両面の物体は一定の確率で相手面に凝着して摩耗すると考えられる．その摩耗率を C とすると，接触面積 S，摩擦距離 L のときの摩耗量 V は次式で求められる．

$$V = CSL \tag{8.1}$$

ここで，接触点が塑性接触していると考えられるので，接触荷重を W，軟らかい物体のヌープ硬さを H とすると，$S = W/H$ であり

$$K = \frac{C}{H} \tag{8.2}$$

として

$$V = \left(\frac{C}{H}\right)WL = KWL \tag{8.3}$$

と書くこともできる．式 (8.1) あるいは式 (8.3) は凝着摩耗の場合「摩耗率は一定で，摩耗量は荷重と摩擦距離により決まる」ことを示し，**アーチャード** (Archard) **の摩耗法則**と呼ばれる．K は後述する**比摩耗量**である．

アブレシブ摩耗では図 8.2(d) に示される黒色部分の溝の体積で摩耗量が決まる。これは図 7.6 で硬質突起が進行方向に距離 L だけ進んだ場合である。この場合の摩耗溝の断面積 S_2 は式 (7.5) で求められるから，摩耗体積 V は次式で求められる。

$$V = S_2 L = \frac{2WL}{\pi H \tan \theta} \tag{8.4}$$

この式でも摩耗量は荷重と摩擦距離に比例する。

以上のように凝着摩耗，アブレシブ摩耗ともに，摩耗条件が変わらない場合には摩耗量は荷重 W と摩擦距離 L に比例する。そこでこれらの変数によらない次式で求められる数値

$$K = \frac{V}{WL} \tag{8.5}$$

を比摩耗量と呼び，〔mm²/N〕，〔mm³/Nm〕などの単位で表す。これは単位荷重で単位距離摩擦したときの摩耗体積を示しており，実験ごとに異なる荷重あるいは摩擦距離の影響を除いて材料間の摩耗特性の比較によく用いられる。比摩耗量がわかれば，摩擦荷重と希望寿命摩擦距離により摩耗量を予測することができる。

摩耗を積極的に利用する加工の分野では**プレストンの法則**が知られている。これは 1927 年に報告された経験則で「研磨量（厚さ）は加工圧力，相対速度，加工時間に比例する」と表現されている。これは式 (8.3) あるいは (8.4) で摩擦距離を速度と時間の積で表し，除去量と荷重を単位面積当りで考えたものであり，基本的に同じ概念を表している。

8.5.2　摩耗速度がしだいに減少する場合（拡張摩耗法則）

一般の繰り返し摩擦をする面では図 8.8(b) に示すように摩耗速度はしだいに低下する。これは時になじみ効果と呼ばれる。この原因としては，繰り返し摩擦により表面が凸部から摩耗し，表面粗さがしだいに減少することが考えられている。このような摩耗特性の例には，ビデオテープによる VTR ヘッド

の摩耗，HDDにおける薄膜磁気ディスクによる磁気ヘッドの摩耗がある。

これらの場合には摩耗速度は摩擦距離の指数乗で減少するとして，次式のような拡張摩耗方程式が提案されている[4]。

$$V = k_s L_s W \left(\frac{L}{L_s}\right)^{(1-m)} \left(\frac{B}{b}\right)^m \tag{8.6}$$

ここで，L_s は基準摩擦距離，k_s は L_s における比摩耗量，m はなじみ係数，B はしゅう動子の全移動幅，b はしゅう動子の幅である。m は摩耗速度が低下する程度を示しており，$m=0$ のときはなじみはなく式 (8.6) は式 (8.3) と一致し，摩耗量は荷重と距離に比例する。$m=1$ のときは摩耗量は摩擦距離にはよらず初期摩耗のみで決まることになるが，実際の測定では $m ≒ 0.5$ 程度の値を示す。ピンオンディスク型装置で摩耗試験を行った場合，一定位置では摩耗速度がしだいに低下するが，摩擦位置を動かすと，最初，摩擦速度が増加し，再びもとの位置における速度に低下することを経験する。式 (8.6) では，この効果は $(B/b)^m$ の項に当たる。

摩耗速度がしだいに減少することはよく経験することであるが，それぞれの場合にどのような変化が生じているかはよく観察して判断し，予測を行う必要がある。

8.6 摩耗の低減

摩耗量を予測し，許容値を超えた場合には，摩耗の低減を考える必要がある。摩耗の計算式 (8.3)，(8.4)，(8.6) では，すべて右辺に荷重 W と摩擦距離 L があり，これらの低減が摩耗低減の第一歩である。摩耗は相対運動する固体どうしの直接接触により発生するので，両者の直接接触を流体潤滑により防止できないかを考えることが有効である。各種条件により，これらが変更できないときに，予測式の右辺の係数を下げることが鍵となる。

凝着摩耗であれば，式 (8.3) の比摩耗量 K の低減がそれに当たる。式 (8.2) から $K=C/H$ であり，硬い材料を使うことは摩耗低減に有効であ

る。また，凝着摩耗には摩擦材料どうしの相溶性が大きな影響を持ち，同じ材料どうしの摩擦により比摩耗量が大きくなる。これは共金と呼ばれ，摩擦の組合せとして避けるべきものである。

アブレシブ摩耗であれば式（8.4）右辺の分母の $H\tan\theta$ を大きくすることが摩耗低減につながる。すなわち摩擦材の硬さを大きくすることと，摩擦する突起の頂角の増加，すなわち突起の先端を丸くすることが重要となる。純金属の場合には硬さが増加するとともに，摩耗抵抗性が増す（比摩耗量が減少する）ことが報告されている[5]。

なじみ効果がある場合には式（8.6）の右辺の k_s の低減は凝着摩耗の場合と同じであるが，さらになじみ係数を1に近づけることが長期間後の摩耗量の増加を抑えることになる。

8.7 焼付き（摩擦温度上昇）

摩擦点の温度が上昇することはよく知られており，近代文明以前には火起こしの方法としても使われていた。この節では，摩擦点の温度上昇について説明する。

摩擦があるときには，運動させるためには摩擦力に逆らって力を加えており，機械的エネルギーが消費される。消費された機械的エネルギーは，表面の変形，振動，音となって放散される以外は摩擦面原子の振動となり，温度上昇となる。これは，摩擦着火，摩擦圧接等に有効利用される一方，摩擦面の焼付き，ブレーキのフェーディング，等の原因となる。HDDでは，磁気抵抗効果ヘッド（MRヘッド）の抵抗値が温度上昇により変化するため熱雑音の原因となる。

摩擦により消費されるエネルギーは，非常に狭い真実接触点のみで発生するため，この部分は非常に高温になる。グラインダあるいは研削盤で鋼を加工するときに白熱した火花が飛ぶが，これは摩擦熱により高温になった金属粒子である。摩擦時の真実接触点の温度を**閃光温度**（flash temperature）と呼ぶ。

8.7 焼付き（摩擦温度上昇）

この熱は熱伝導により見掛けの接触面積内に伝わり，全体の温度上昇となる．

単位時間当りに消費される摩擦エネルギー Q は，摩擦力 F に逆らって進む速度 U から次式により求められる．

$$Q = FU = \mu WU \tag{8.7}$$

ここで，μ：摩擦係数，W：垂直荷重である．

この式から，垂直荷重が一定のとき，摩擦消費エネルギー Q は速度 U とともに増加し，摩擦点温度も速度とともに増加することがわかる．しかし，温度上昇とともに摩擦材料が軟化することから，低融点金属の場合，摩擦温度上昇の最高値は，図 8.9 に示すように，最も低い融点を持つ摩擦材の溶融温度となる[6]．

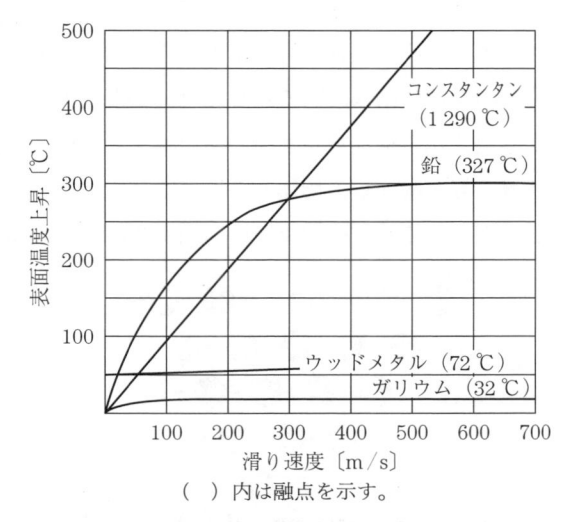

図 8.9 金属の摩擦温度上昇[6]

摩擦点温度は，熱起電力，抵抗の温度変化，赤外放射光等により測定されている．しかし，実際の摩擦条件では測定に困難が伴うため，計算による推定が行われる．低速では式（8.7）のように摩擦消費エネルギーが速度に比例するため，速度に比例して温度が上昇するが，高速では固定接触面への熱伝導による冷却の影響が大きくなり，速度の平方根に比例して温度が上昇する．この計

算結果は真実接触点の閃光温度であり，見掛けの接触面では各真実接触点における温度上昇全体による加熱により温度上昇が起こる。

摩擦温度上昇を原子レベルで見たモデルを図 8.10 に示す。摩擦している二面を理想的な結晶格子と考えると，摩擦点では物体 1 の接触点の原子が物体 2 の表面原子に接近していく。そのため，物体 1 の原子には原子斥力が進行逆方向に動く。この力が原子レベルで見た摩擦力の原因となる。原子間の距離が近くなると，原子それぞれが移動し，位置を相互に入れ替わり，摩擦原子は相手原子から離れてそれぞれの格子位置に戻ることになる。このとき，各原子は格子位置を越えて反対側に動き，振動しながらしだいに元の位置に落ち着く。固体の温度は原子の振動であり，この摩擦による原子の振動の増加が，固体の温度上昇として観察される。また，二面の移動に対してはこれだけのエネルギーを供給することが必要となり，これが滑り摩擦のミクロレベルの原因と考えられる。最表面の原子の摩擦振動は，図ではしだいに振幅の小さくなる矢印で示したように，順次摩擦面から離れた原子面に熱伝導として移っていく。

摩擦熱による温度上昇が増加し，物体の平均温度が軟化点を超えるとその物体の機械的強度が低下し，接触面積が急激に増加する。このような状態で摩擦

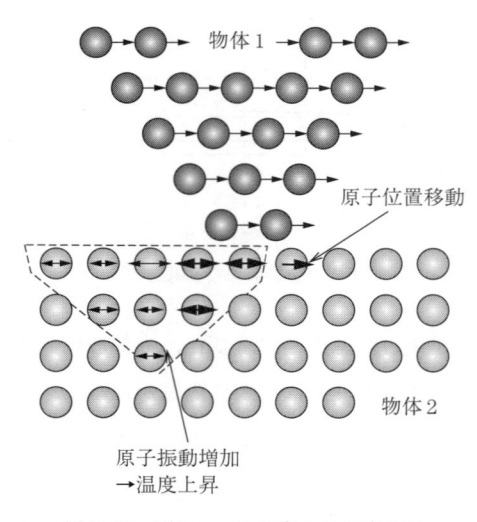

図 8.10　原子レベルで考えた温度上昇

力が急上昇すると，物体を駆動している力より摩擦力が大きくなることがある。これが焼付きである。駆動力は大きい場合でも，物体を支持している部分の強度が小さい場合には摩擦部分が破損することもある。

8.8 ま と め

8章では，表面損傷，摩耗に対して以下を学んだ。
（1） メカトロニクス機器では機能面の損傷が大きな問題である。中でも摩耗と焼付きが重要である。
（2） 摩耗の発生原因としては，アブレシブ摩耗，凝着摩耗，疲労摩耗，腐食摩耗がおもなものである。
（3） 摩耗の大小は，単位荷重，単位距離当りの摩耗量である比摩耗量で比較される。比摩耗量が一定のとき，凝着摩耗量はアーチャード（Archard）の摩耗方程式で予測される。
（4） 摩耗を低減するためには，摩擦荷重，摩擦距離の低減が有効であり，摩擦面の硬さの増加，共金の防止も有効である。
（5） 摩擦点では摩擦熱で温度上昇が生じ，最大で融点の低い材料の融点に達する。

9 トライボロジー材料とメカトロニクスにおける表面設計の実際

　5章から8章までで，表面に関連したトライボロジーの入門について述べた。本章ではそれらの知識を使って，実際の表面を設計した例について著者等の経験した製品を中心に述べる。トライボロジー技術を初めて学ぶ方にはその使い道のイメージをつかむ助けとして，トライボロジーの現場の方々には別の分野での問題解決の一つの例として参考にしていただきたい。

9.1 トライボロジー表面の基本設計法

　5章以降で述べた二表面が直接接触摩擦する場合には，表面の形，材料，摩擦条件など，具体的な詳細が影響し，個々の製品の組合せごとに設計法を考えることになる。4章で述べたような，すでにある流体潤滑方程式を用いて，具体的な軸受（磁気ヘッドスライダ）を設計した例では，表面は流体膜で隔てられその個々の表面形状あるいは材料的性質はマクロな変形特性以外は無視できた。しかし，本章の場合にはそれより複雑であり，その設計の流れを一般的に書くと，図9.1のようになる。

　これらの中では，（2）の表面損傷発生の現象解明が全体の基本である。これに基づいた耐損傷表面の考案が，損傷発生低減の最も近道である。これができない場合でも，いろいろな条件を変えて表面を試作し，その中で良いものを選ぶという，試行錯誤による耐損傷表面の実現も可能であるが，なにか条件が変わった場合に現象が変わり，問題が大きくなる可能性が大きい。

9.1 トライボロジー表面の基本設計法

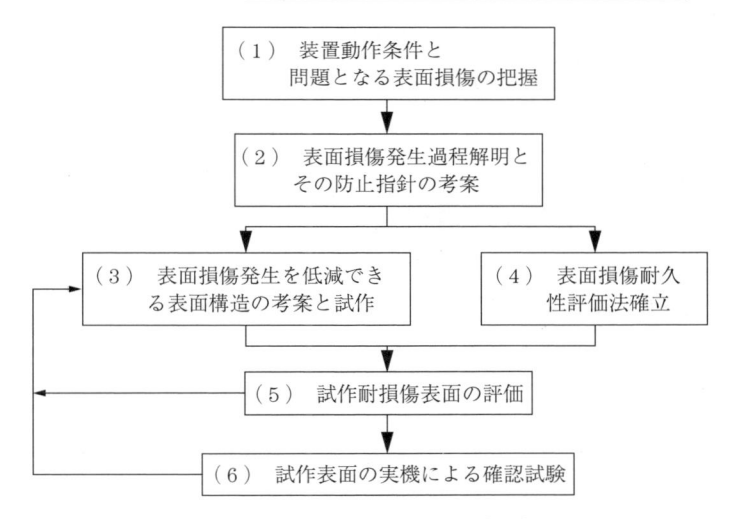

```
┌─────────────────────────┐
│（1）装置動作条件と        │
│     問題となる表面損傷の把握│
└─────────────────────────┘
            ↓
┌─────────────────────────┐
│（2）表面損傷発生過程解明と  │
│     その防止指針の考案     │
└─────────────────────────┘
       ↓           ↓
┌──────────────────┐  ┌──────────────┐
│（3）表面損傷発生を低減でき│  │（4）表面損傷耐久│
│     る表面構造の考案と試作│  │     性評価法確立│
└──────────────────┘  └──────────────┘
            ↓
┌─────────────────────────┐
│（5）試作耐損傷表面の評価   │
└─────────────────────────┘
            ↓
┌─────────────────────────┐
│（6）試作表面の実機による確認試験│
└─────────────────────────┘
```

図 9.1　トライボロジー表面設計の流れ

　現象が解明できれば，現象発生過程をモデルとして図に書くことができる。トライボロジーは対象とする場所が決まっており，そこでの現象モデルを頭の中に描き，現象の進行を止めることができるプロセス/条件の変更/新構造を，思考実験により複数提案する。それらの中で，効果の高そうなもの，実現の容易な方法を試作し，その効果を確認することになる。このようなモデルを作ることは，現象のより良い理解に非常に役に立つものである。

　このとき，効率的な評価法があるかどうかが，図 9.1 のサイクルを短期間で進められるかどうかを決める。通常，トライボロジー損傷発生には表面の摩耗や潤滑剤の蒸発などが関係し，長い稼動期間が必要となる。したがって，実際の装置での耐久性評価は最終的には必要であるが，研究，開発段階では非効率的である。そこで，各種の加速評価法が開発されている。一般的には接触荷重を増す，起動停止を短周期で繰り返す，等の方法が考えられる。これらの加速評価法を，（a）実際の損傷発生プロセスとの類似性，（b）加速試験結果と実機での結果との相関，（c）試験時間短縮の三つの条件で比較し，選択していくことになる。

　試作表面を加速評価し，十分な耐久性が得られれば，最後の実機での稼動試

験を長期間行う．それを通過した表面が製品となって出荷されていく．もし，加速評価で不十分な結果が出た場合には，モデルの問題か，試作の問題かを切り分けて修正し，試作からのサイクルを合格するまで繰り返すことになる．

9.2 トライボロジー材料

損傷発生現象のモデルは，対象とする場所の構造と，2章，3章および5章〜8章までの基礎知識を応用することにより形作ることができる．損傷を防止するための表面を考案するためには，これらに加えてどのような材料をどのように構成すればよいかの知識が基礎として必要である．以下では，代表的なトライボロジー材料について，簡単に解説する．

[1] 金属材料

最も一般的な材料として使われている．貴金属を除いてその表面には図5.6で説明したように酸化被膜が形成されている．そのため，化学的性質としてはセラミックスと同様に考えることができる．しかし，酸化膜は薄いため，それが摩耗などで除去されると，内部の金属の性質が表面に現れる．酸化膜があるときの摩耗速度は低く，金属どうしの接触になると摩耗速度が急増する．前者をマイルド摩耗，後者をシビア摩耗と呼ぶことがある．

金属どうしが直接接触すると，両者の原子が相互に拡散し，金属間化合物を形成しやすい．このように両者に相溶性が高い場合，その接触面をせん断するためには大きな力が必要となるため，そのような組合せでは摩擦係数が高くなる．さらに，摩擦が継続すると，温度上昇により焼付きやすい．同じ金属どうしの摩擦は8.6節で説明したように**共金**と呼ばれ，同種金属どうしの摩擦も含め避ける必要がある．また，真空中あるいは酸素のない状態では酸化膜が形成されず，金属直接接触になりやすいため，トライボロジー損傷が発生しやすい．

滑り軸受の場合には，図7.15（d）の構成と同じ硬い軸に軟質の軸受メタルをつけた軸受が一般的に用いられている．

[2] セラミックス

アルミナ，ジルコニア，あるいは窒化珪素（Si_3N_4）等のセラミックスは硬度が高く，平滑な表面を加工しやすく，昔から宝石軸受などの形でトライボロジー材料として使われている。

セラミックスは金属酸化物，あるいは窒化物，炭化物であり，それらに含まれる金属原子は酸素などと強固に結合しており，他の原子との親和性が低く，摩擦した場合でも相互に溶け合うことがない。さらに硬度が高いため，真実接触面積が小さいこともあり，焼付きを避けることができる。

HDD の磁気ヘッドの材料も，1960 年代は金属であったが，1970 年代に入り，チタン酸あるいはアルミナチタンカーバイドなどのセラミックスが使われている。

[3] 熱硬化性プラスチック

最近のメカトロニクス機器には，プラスチックが広く使われている。プラスチックはその性質から，熱硬化性と熱可塑性プラスチックの二つに分けられる。熱硬化性プラスチックは，主剤と硬化剤を混合して型に入れる，あるいは薄膜を形成させ，加熱することにより硬化する。市販の 2 液性のエポキシ樹脂などがその例である。

熱硬化性プラスチックはその名前のとおり加熱により硬化しており，耐熱性が高いことが期待される。フェノール樹脂も耐熱性が高く，電気機器などの温度上昇が危惧される機器に用いられている。

[4] 熱可塑性プラスチック

熱可塑性プラスチックはその名前のとおり，加熱され温度が上昇すると軟化し，温度が下がると再び硬くなる。複雑な機器の形状に合わせた型に加熱軟化させたプラスチックを高圧で注入する射出成型法は，希望の形を大量生産することができるため，メカトロニクス機器に多用されている。

熱可塑性プラスチックは温度が上昇すると軟化するため，摩擦熱による温度上昇があってもしだいに軟化する。ある温度以上では摩擦力が増加しなくなるため，摩擦係数は低い値を示すことが多い。一方では軟化により材料の摩耗量

は増加するため，摩耗を小さく抑えることに注意が必要である。

[5] プラスチック複合材料

［3］［4］で述べた樹脂材料（プラスチック）は単体では強度が低い，あるいは摩擦が大きいなどの理由で，ほかの固体材料を添加した複合材料として使われることが多い。添加材料としては，強度向上のためのガラス繊維，炭素繊維，シリカ粒子，摩擦低減のための固体潤滑剤などがおもなものである。

このような複合材料の摩擦力は一般的には，表面に出ているいくつかの材料それぞれの摩擦力の合計になる。摩擦係数が μ_1，μ_2 の2種の材料が表面にあり，各材料部分がそれぞれ合計で F_1，F_2 の荷重を支えているとき，**複合材料の摩擦係数** μ は次式で求められる。

$$\mu = \frac{\mu_1 F_1 + \mu_2 F_2}{F_1 + F_2} \tag{9.1}$$

μ を下げるためには摩擦係数の低い材料の支える荷重を大きくすることが有効であるが，固体潤滑剤は強度が低いのでその割合を考える必要がある。複合材料では摩擦を続けると，表面に存在する材料の割合が変化することがあり，開発時には注意が必要である。特に，熱可塑性プラスチックでは，加熱軟化により樹脂が広がって摩擦面全面を覆うことがあり，この場合には添加材料による摩擦係数の変化は小さい。

9.3　磁気ディスク装置における表面設計の実際

9.3.1　磁気ディスク装置のトライボロジーについて

磁気ディスク装置（HDD）では，情報は磁気ヘッドにより磁気ディスク媒体に記録される。4.3.1項では磁気ヘッドの形状設計について説明した。以下では，磁気ディスク装置の名前にもなっている磁気ディスク媒体および磁気ヘッドの材料設計についてまとめる。

磁気ディスク装置では，情報の記録再生と磁気ヘッドの浮上の二つを安定に実現する必要がある。情報記録のためには磁気ディスク媒体上に磁気記録膜が

必要であり，そのために，HDD開発時には針状磁性粉に記録する塗布型磁気ディスク媒体が使われた。最近では高記録密度化のために記録特性の優れた金属薄膜を記録媒体とする薄膜磁気ディスクが使われている。これらの膜に損傷が生じると情報の記録再生不能につながるため，その摩耗を防止することが必要である。長期の稼動期間に損傷を発生させずに安定に保つために，磁気ディスク媒体，磁気ヘッドの表面をどのように設計し，制作するかについての身近にある非常に良い例である。

9.3.2 塗布ディスク媒体の耐しゅう動性設計

図9.2に，塗布型磁気ディスクの断面構造を示す。針状の磁性粉が結合樹脂中に分散され，アルミニウム基板上に形成されている。結合樹脂中には磁性粉以外にも補強用硬質アルミナ粒子が添加されており，樹脂複合材料と考えることができる。

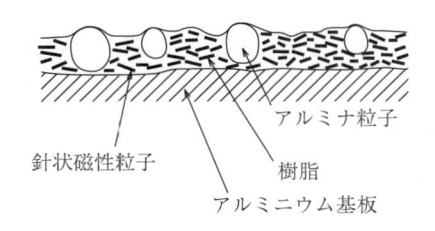

図9.2 塗布型磁気ディスク断面構造

塗布型磁気ディスクは，1957年に米国IBM社により開発された。この日本での開発における著者らのグループの試行錯誤の跡は別にまとめている[1]。およそ(1)形状模倣期，(2)樹脂膜炭化性追求期，(3)耐摩耗性追求期，(4)CS/S用ディスクの開発期に分けられる。その中で，(4)コンタクトスタート/ストップ磁気ヘッド用ディスクの開発では，損傷発生の解析から図9.3に示す損傷発生モデルを明らかにし[2]，これに対応する磁気ディスクの構造として，図9.4に示す突起仮説と呼ばれるモデルを提案した。このモデルにのっとって磁気ディスク改良が行われた。さらに，CS/S動作以外の損傷発生原因である稼動中の汚染粒子のヘッドディスク間への侵入を，装置製造工程の清浄

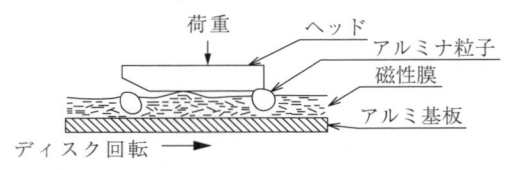

208   9. トライボロジー材料とメカトロニクスにおける表面設計の実際

ヘッドはディスク突起上に静止。

（a） 試験開始前

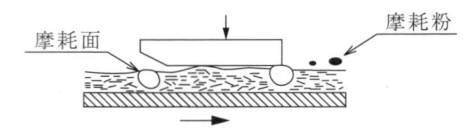

ディスク突起頂部が摩耗する。

（b） CS/S 試験中

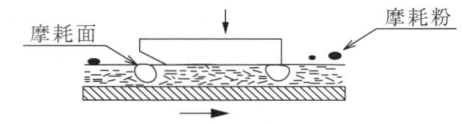

摩耗粉がヘッドディスク間に再侵入する。

（c） ヘッドクラッシュ直前

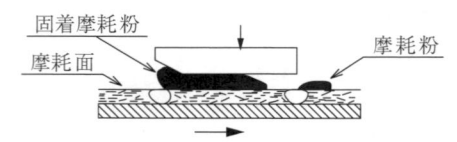

摩耗粉がヘッド面に固着しディスク表面に傷を付ける。

（d） ヘッドクラッシュの瞬間

図 9.3 CS/S 動作時塗布型磁気ディスク損傷発生モデル[2]

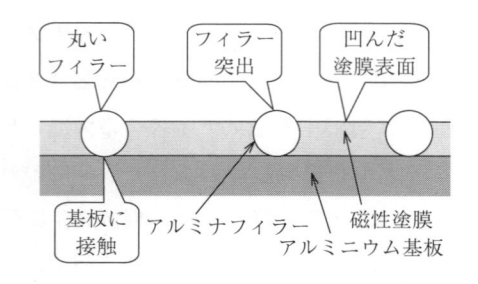

図 9.4 高耐しゅう動性塗布型磁気ディスクモデル（「突起仮説」）[1]

化により防止した結果，1986年ごろには当時市販されていた大容量磁気ディスクの中で，最も長いMTBF（平均故障間時間）をもつ磁気ディスク装置を開発することができた。基礎のしっかりとした開発により，優れた信頼性を持つ装置を生み出した例である。

9.3.3 薄膜磁気ディスクの耐しゅう動設計

HDD用薄膜磁気ディスクの内部構造を図9.5に示す。磁気ディスクには，機械構造物である磁気ヘッドの力を支え位置を保つ働きに加えて，表面に磁気的に情報を記憶する必要がある。そのために金属膜の磁気的情報記録層が形成されている。金属磁性膜は酸化しやすいため，その表面を保護するためにカーボン薄膜保護層がある。記録層の下には別に下地膜があり，これらの薄膜がアルミニウムまたはガラスの基板の上に形成されている。

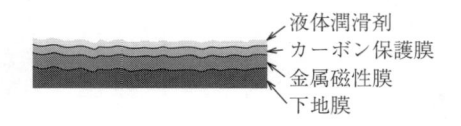

図9.5 薄膜磁気ディスク内部構造

金属磁性膜は優れた磁気記録特性を持つので，これを使った磁気ディスク媒体は，磁気ディスク装置の開発当初から細々と開発されていた。しかし，これが主流とならなかった理由はその信頼性の乏しさである。通常，金属磁性膜は，ニッケル，コバルトの合金であり，酸化しやすく，表面を酸化防止保護膜で覆う必要がある。さらに，これらの合金は硬度がそれほど高くないため，保護膜は耐摩耗性もあわせ持つ必要がある。保護膜としては，金属クロム膜，酸化クロム膜，SiO_2薄膜等が試みられたが，本格的実用化に至らなかった。

このような状況で，スパッタカーボン膜を保護膜とすることで，薄膜磁気ディスクはようやく表舞台に立つことができた。スパッタカーボン膜はその構造からダイヤモンドライクカーボン（DLC）膜とも呼ばれる。カーボン膜は，摩擦時に空気中の酸素と結合して，約300℃以上で酸化カーボン（CO, CO_2）となるが，これらは気体であるため，摩耗粉は形成されず，これがカー

ボン膜の耐しゅう動性の高い理由と考えられた．次項で説明するように，薄膜磁気ディスクは外部塵埃（じんあい）の侵入には弱く，摩耗粉の発生しにくいカーボン膜が優れた保護膜である点と一致している．その後，耐摩耗性等の改良のため，水素添加膜が開発され，さらに窒素の添加膜も実用化された．これらのスパッタ膜に対し，密着性と耐摩耗性の向上のためにCVD膜も使われている．

スパッタカーボン膜と同時に，下地膜のテクスチャリング技術も導入された．これは，平滑に加工された薄膜磁気ディスク表面に凹凸をつけ，コンタクトストップ時に磁気ヘッドと磁気ディスクの間隔を研磨傷の凸部の高さで規制し，7.8，7.9節で説明した液体膜のメニスカス力によるスティクションを防止するものである．初期には磁性膜の磁化方向を円周方向に配向させるための円周方向研磨がこの用途に用いられた．その後，データゾーン（情報記録範囲）と起動停止時のCS/Sゾーンとの分離に伴い，パルスレーザ加熱による下地膜の溶融を利用したレーザゾーンテクスチャリング（LZT，図9.6）が広く用いられた．

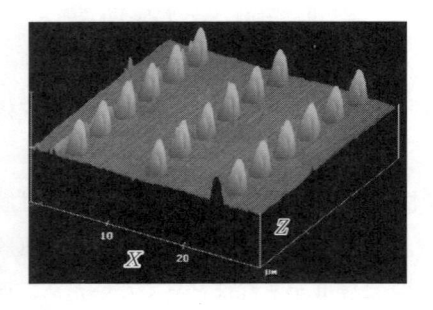

$X：10\,\mu m/div,\ Z：100\,nm/div$

図9.6 レーザゾーンテクスチャされた薄膜磁気ディスク面AFM像

潤滑剤には，初期には塗布型磁気ディスクと同じフッ素系の液体潤滑剤が使われたが，カーボン膜との密着性の高い構造（極性末端基）を持つものが，その後，使われるようになっている．

9.3.4 磁気ヘッド表面材料の耐しゅう動性

以下では磁気ヘッドの表面材料について考える．磁気ディスク装置の部品は，その性能面と価格面（生産性も含む）の両者を考えて構造が決まる．ヘッ

ド材料においても，表面材料は耐しゅう動性能だけではなく，磁気記録特性面および製造方法も勘案して世代ごとに変更されてきている．

開発初期には磁性材料として高透磁率金属であるパーマロイ（Ni-Fe合金）をヘッドの磁気コアに用い，それをステンレス材のスライダにかしめ止めで固定していた．つぎの世代ではスライダ材料は，白色のアルミナセラミックス（焼結）材となった．アルミナは高硬度で耐摩耗性が高いことから採用されたものと考えられる．記録再生用の金属磁性体は固体粉末充填エポキシ樹脂加熱硬化により固定された．1970年代に開発されたつぎの世代では，磁性材料がフェライト材料となり，スライダ材料にはフェライトと熱膨張係数の近いチタン酸バリウム（$BaTiO_3$）が用いられた．同時にフェライト磁性体をスライダに固定する方法として，ガラス封止が用いられた．後述するように塗布型ディスク上ではスライダ材料の硬度が低い場合に寿命が長くなることから，アルミナからチタン酸バリウムへの変更はトライボロジー特性の向上につながるものであった．

1973年に開発されたCS/S型のスライダでは，起動停止時の磁気ディスクとのしゅう動時の摩耗を減少させるため，スライダの磁気ディスクへの押し付け荷重をそれまでの3N程度から0.1N程度に減少させている．そしてスライダはNi-Znフェライト材で一体として製造する構造となった．その後，磁気特性の良いMn-Znフェライトも同様に用いられた．

ここまでの磁気ヘッドでは記録再生用の巻線に普通の導線が用いられていた．しかし，小型化，軽量化の要求があり，磁気ヘッド全体を半導体と同様の薄膜プロセスで形成する薄膜磁気ヘッドが実用化された．これに伴い，スライダ材料にはアルミナチタンカーバイドが用いられている．さらに，再生ヘッドとして高感度な磁気抵抗効果素子ヘッド（MRヘッド）が誘導ヘッド（Inductiveヘッド）に変わって採用された．MR素子は厚さ数nm，高さ数十nmの非常な薄膜で酸化されやすい．それにもかかわらず磁気記録媒体に近く設置する必要があるため，スライダ面に接するように形成され，酸化防止のためにスライダ表面にはカーボン膜が形成された．このカーボン膜がある場合には，ス

ライダ中のアルミナの潤滑剤分解触媒としての働きが抑えられ寿命が延びることが明らかになった。トライボロジー特性には接触する二面の最表面の性質が重要で，数 nm のカーボン膜が特性を大きく変えていることがわかる。

9.3.5 磁気ディスク損傷発生メカニズム

ここまでで，塗布型磁気ディスク，薄膜磁気ディスクの損傷防止のための方策について説明した。これらを製品から離れて材料の特徴だけから考えると，硬いセラミックスからできたヘッドが，塗布型磁気ディスクではアルミ基板上の樹脂膜で構成される軟質材の上を，薄膜磁気ディスクでは硬質下地膜上の金属膜で構成される硬質材の上を走行している。

両者の上を石英，焼結ジルコニア，サファイア，ダイヤモンドで摩擦した結果によると，塗布型磁気ディスクでは硬い材料で摩擦した場合にディスクに傷が入るまでの寿命が短く，薄膜磁気ディスクでは焼結ジルコニアで摩擦した場合に寿命が短かった[3]。その他の結果から，摩擦時に発生する摩耗粉の挙動を基に，ディスク構造による損傷発生モードは表9.1のように説明されている。すなわち，塗布型磁気ディスクでは樹脂膜中のアルミナ粒子と摩擦したことにより発生するセラミックス摩耗粉は，ヘッドに押しつけられると軟質樹脂中に押し込まれ，それ以上のディスク損傷を発生させない。しかし，アルミナあるいはダイヤモンドのような硬質材料で塗布型磁気ディスクを摩擦すると，樹脂中のアルミナ粒子が押し込まれ，しゅう動子と樹脂膜が直接接触し，摩擦熱により樹脂膜が軟化し，しゅう動子に付着してディスク損傷が発生する。これに対し，薄膜磁気ディスクでヘッドとの間に摩耗粉が介在すると，磁気ディスク/磁気ヘッドともに硬いため逃げ場がなく，結局，硬質摩耗粉は磁性膜を削り，さらに下地膜までを損傷させると考えられる。

これらから，摩擦面ではつねに摩耗粉の逃げ場に注意し，摩耗粉が発生しても損傷にならないような工夫をすること。さらに外部からの塵埃が進入した場合でも，それにより厳しい損傷が発生しないように工夫するべきことが導かれる。自動車エンジンの油滑り軸受では，硬質の軸と軸受の間に軟質の軸受メタ

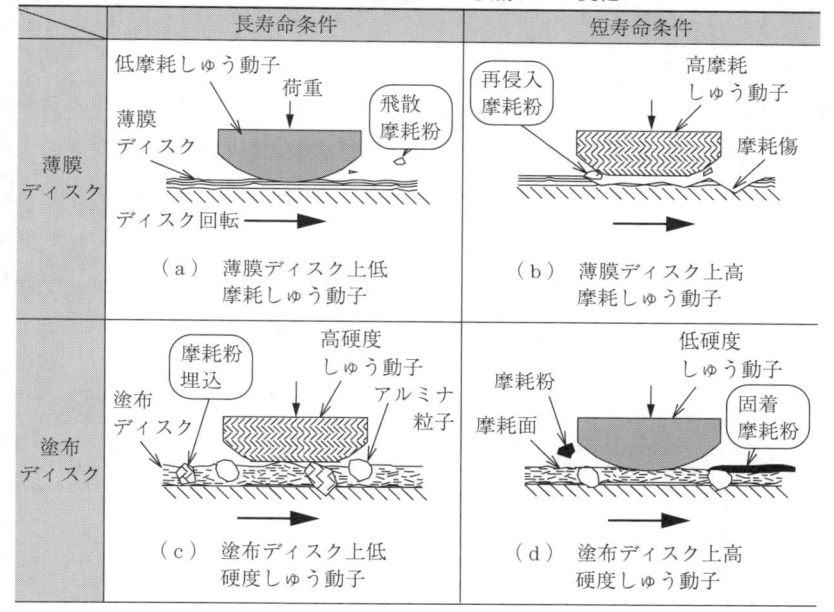

表 9.1　ディスク構造による損傷モード変化[3]

	長寿命条件	短寿命条件
薄膜ディスク	(a) 薄膜ディスク上低摩耗しゅう動子	(b) 薄膜ディスク上高摩耗しゅう動子
塗布ディスク	(c) 塗布ディスク上低硬度しゅう動子	(d) 塗布ディスク上高硬度しゅう動子

ルを設置し，直接接触した場合でも摩擦力が過大とならないようにしているが，このメタルはアルミ，銅等の軟質金属が使われており，摩耗粉が進入したときに埋め込みやすい構成ともなっている。

　以上のように，表面的な実験結果から試行錯誤的に対応策を見つけるのではなく，その背後の発生メカニズムを万人に理解可能なビジュアルなモデルとして描き，それに基づいて進めることが結局は近道である。最初に機械的な接近接触について考え，つぎに摩擦熱などについて，さらにトライボ化学反応などを考慮して全体のモデルが構築される。

9.4　プリンタの紙送り機構

　ここでは，メカトロニクス機器で出合うことが多い，多数枚の紙などから最表面の1枚だけを送るための紙分離機構のトライボロジーについて述べる。

最近では家庭用のプリンタにも，紙の紙分離機構を持った自動送り機構がついている。この機構では 6.3 節で説明した真実接触面積の荷重依存性と，7.4 節で説明した凝着摩擦の特性が巧妙に利用されている。

図 9.7 に紙分離機構の紙の送り出し部を示す。最上部に給紙ゴムローラがあり，これが多数の紙の積み重ねの最上面に，紙の下のばねからの上向きの力により押し付けられている。紙を右から左に送る方向には 2 枚以上の紙が送られないようなストップ板が置かれている。そのすぐ先に，1 枚だけ送られた紙を両側から押さえて安定に送るための 1 組の送りローラがあり，給紙ローラは最上面の紙をこれらの間に来るまで移動させることが役目である。

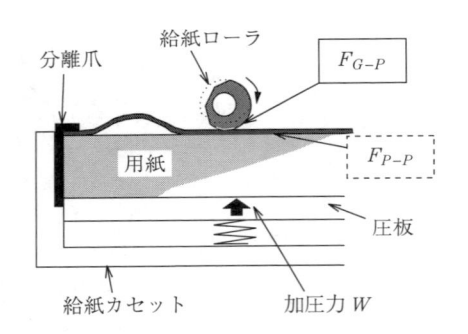

図 9.7 紙分離機構概要

この状態で給紙ローラが回転すると，紙-紙間摩擦力 F_{P-P} と紙-ローラ間摩擦力 F_{G-P} の大小により以下のような現象が起きる。

（1）　$F_{P-P} > F_{G-P}$ ……ローラ紙間で滑りが生じ，紙は送れない。

（2）　$F_{P-P} < F_{G-P}$ ……1 枚目と 2 枚目の紙間で滑り紙が送られる。

1 枚目の紙を送るためには，(2) の条件になるようにローラの材料，形状と加圧条件を設計する必要がある。ここで，紙-紙間の摩擦はクーロンの摩擦力に従うことが知られている。このことは，紙と紙との摩擦係数と接触力をそれぞれ μ_{P-P}，W とすると次式が成立することを意味する。

$$F_{P-P} = \mu_{P-P} W \tag{9.2}$$

一方，送り出しローラは弾性体であるゴムであり，ゴム円筒の弾性変形による平面との接触面積 S_{G-P} は式 (6.4) からつぎのように計算される。

9.4 プリンタの紙送り機構

$$S_{G-P} = L \cdot 2b = 4L\sqrt{\frac{2WR}{\pi E'}} \tag{9.3}$$

ここで，L はローラと紙との接触長さ，R はローラの半径，E' は等価弾性係数である．したがって，F_{G-P} は紙-ゴムローラ間で滑り始めるときのせん断応力を τ として次式で求められる．

$$F_{G-P} = \tau S_{G-P} = 4\tau L\sqrt{\frac{2WR}{\pi E'}} \tag{9.4}$$

この式からわかるように，ゴムローラ-紙間の摩擦力は荷重の平方根に比例する．式 (9.2)，(9.4) をもとに荷重 W と摩擦力 F_{P-P}，F_{G-P} の関係をグラフにすると図 9.8 のようになる．F_{P-P} は荷重に比例するのに対し，F_{G-P} は荷重の平方根に比例するため上に凸の曲線となる．このことは $0\sim W_c$ の範囲では $F_{P-P} < F_{G-P}$ の条件が成立することを意味する．この結果は多数の紙の1枚だけを動かすときには指を軽く当てることがよいという実生活での経験とも一致する．実際の装置では紙送りを安定にするために W_c を大きくする必要がある．そのためには式 (9.4) から，W 以外で F_{G-P} を大きくするためには，τ，R を大きくし，E' を小さくすることが導かれる．給紙ローラにはスポンジなどの E' の小さい材料が使われているのはこのためである．そのほかにもゴムローラ表面に溝を付けて変形しやすくしたものもある．また，紙の粉がローラ表面に付着すると，τ が小さくなり，荷重が大きいときに紙送りができなくなる．紙粉等の汚れを除去する粘着性の紙を送るように添付していたプリンタも過去には実在した．

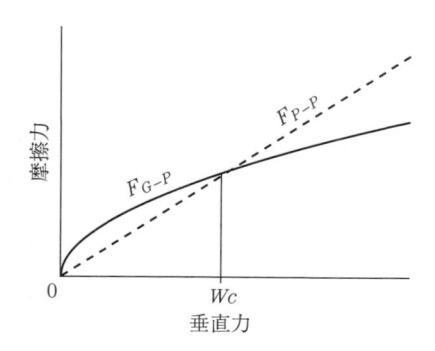

図 9.8 紙分離機構における垂直力と摩擦力の関係

このようなゴムと紙との摩擦力の不安定現象を避けるため，送り出しローラとして金属ローラの表面にセラミックスの突起を多数付け，突起が紙に食い込むことにより送るようにした機構も実用化されている。この機構では，セラミックスは紙より硬いため，摩耗しにくく，長期間稼動後にも安定して紙が送れるとのことである。

このような紙送り機構はプリンタだけでなく，銀行の自動端末（ATM），あるいは郵便局の宛先分類機にも使われており，重要な役割をしている。

9.5 まとめ

トライボロジー技術の知識の応用例として，HDDおよび紙送り機構について以下を概説した。

（1）トライボロジーの関連する設計では，基礎的な現象と材料の性質の理解が重要である。

（2）試行錯誤的に開発を進めると効率が悪く，表面損傷発生過程解明とその防止指針を明らかにすることが重要である。

（3）塗布型磁気ディスクはアルミナ粒子により耐摩耗性を確保していた。

（4）薄膜磁気ディスク実現にはカーボン保護膜が鍵であった。

（5）摩耗粉あるいは固形粒子の侵入対策が重要である。

（6）紙送り機構では材料による摩擦力変化特性が巧妙に利用されている。

文　献

■ **教科書・参考書**

　本書は，メカトロニクス機器を学び始める学生，研究者，技術者へのトライボロジーの入門書として，直観的な理解を増すように考えて説明しており，数式は最小限にしている．さらに深く学ぶには，必要に応じて専門的な教科書，参考書をひもといていただきたい．

　以下には国内で手に入る代表的な教科書をまとめた．マイクロトライボロジー関連では日本語による教科書は少ないので，英語の文献も加えた．

【高専，大学学部学生向け教科書】
　加藤孝久，益子正文：トライボロジーの基礎，培風館（2004）
　岡本純三，中山景次，佐藤昌夫：トライボロジー入門，幸書房（1990）
　木村好次，岡部平八郎：トライボロジー概論，養賢堂（1982）

【大学院生向け教科書】
　橋本 巨：基礎から学ぶトライボロジー，森北出版（2006）
　山本雄二，兼田禎宏：トライボロジー，理工学社（1998）

【トライボロジー一般】
　日本トライボロジー学会：改訂潤滑故障例とその対策（2000）
　D.ダウソン，「トライボロジーの歴史」編集委員会訳：トライボロジーの歴史，工業調査会（1997）
　笹田 直：バイオトライボロジー，産業図書（1988）
　J.ホーリング，松永正久訳：トライボロジ，近代科学社（1984）
　松原 清：トライボロジ，産業図書（1981）
　Rabinowicz, E.：Friction and wear of materials, John Wiley & Sons (1965)
　F.P.バウデン，D.テイバー，曽田範宗訳：固体の摩擦と潤滑，丸善（1961）
　曽田範宗：摩擦と潤滑，岩波書店（1954）

【専門書】
　日本トライボロジー学会編：潤滑グリースの基礎と応用，養賢堂（2007）
　似内昭夫：入門トライボロジー——現場で役立つ潤滑技術，JIPMソリューション（2007）
　日本トライボロジー学会編：セラミックスのトライボロジー，養賢堂（2003）
　日本トライボロジー学会編：トライボロジー故障例とその対策，養賢堂（2003）
　片岡征二：プレス加工のトライボロジー，日刊工業新聞社（2002）

日本トライボロジー学会編：新材料のトライボロジー，養賢堂（1991）
【流体軸受】
　堀　幸夫：流体潤滑，養賢堂（2002）
　大豊工業軸受研究グループ：すべり軸受，工業調査会（1998）
　曽田範宗：軸受，岩波書店（1964）
【マイクロトライボロジー】
　B.Bhushan ed.：Handbook of Micro/Nanotribology, CRC Press（1999）
　J.N.イスラエラチヴィリ：分子間力と表面力，朝倉書店（1996）
　金子礼三：ゼロ摩耗への挑戦―マイクロトライボロジーの世界―，オーム社（1995）
【ファイル装置のトライボロジー】
　B.Bhushan：Tribology and Mechanics of Magnetic Storage Devices, Springer-Verlag（1996）
　小野京右ほか：記憶と記録，オーム社（1995）
【辞典，ハンドブック類】
　日本トライボロジー学会：改訂トライボロジーハンドブック，養賢堂（2001）
　日本トライボロジー学会：トライボロジー辞典，養賢堂（1995）
【定期刊行物】
　日本トライボロジー学会：トライボロジスト，月刊学会誌
【一般向け】
　村木正芳：図解トライボロジー―摩擦の科学と潤滑技術，日刊工業新聞社（2007）
　角田和雄：トコトンやさしい摩擦の本，日刊工業新聞社（2006）
　日本トライボロジー学会編：摩擦への挑戦―新幹線からハードディスクまで―，コロナ社（2005）
　角田和雄：摩擦の世界，岩波書店（1994）
　田中久一郎：摩擦のお話し，日本規格協会（1985）
　桜井俊男，広中清一郎：トライボロジー，共立出版（1984）
　曽田範宗：摩擦の話，岩波書店（1971）

■ 引用・参考文献
第1章
1) D.ダウソン，「トライボロジーの歴史」編集委員会訳：トライボロジーの歴史，工業調査会（1997）
2) Shimotsuma,Y., et. al.：A Comparative Study on Chariot Axle Bearing of China and Orient before Christ, Proceedings of Japan-China Symposium on Machine Element（1993）
3) Kobayashi, K.：Histoire du Vélocipède de Drais à Michaux 1817-1870, Ouvrage édité avee le soutien du Bicycle Culture Center（1993）

文　　　　　献　　*219*

4) ダイムラー・クライスラー・日本株式会社資料（同社のご好意による）

第2章
1) 兵働　務，米田裕彦：スターリングエンジン，パワー社（1990）
2) バウデン，テイバー，曽田範宗訳：固体の摩擦と潤滑，丸善（1961）
3) 岡本純三，中山景次，佐藤昌夫：トライボロジー入門，幸書房（1990）
4) 日本トライボロジー学会編：潤滑グリースの基礎と応用，養賢堂（2007）

第3章
1) 曽田範宗：軸受，岩波書店（1964）
2) Gross, W. A.：Gas Film Lubrication, John Wiley and Sons (1962)
3) Burgdorfer, A.：The Influence of Molecular Mean Free Path on the Performance Hydrodynamic Gas Lubricated Bearings, Trans. ASME, Ser. D, 81-1, pp.94〜100 (1959)
4) 福井茂寿，金子礼三：ボルツマン方程式に基づく薄膜気体潤滑特性の解析，日本機械学会論文集，**53**，487，C編，pp.1047〜1056 (1986)
5) Dowson, D. and Higginson, G. R., J. Mech. Eng. Sci., 1.1 (1959)

第4章
1) 尾高聡子，田中勝之：非線形偏微分方程式に含まれるパラメータ群の制約条件による最適化（第1報，課題と新解法の一般的記述），日本機械学会論文集，**64**，627，C編，pp.404〜410 (1998)
2) 尾高聡子，田中勝之，竹内芳徳：同上（第2報，浮動ヘッドスライダの浮上姿勢検出への適用），日本機械学会論文集，**65**，629，C編，pp.345〜353 (1999)
3) 村主文隆，田中勝之，竹内芳徳：紫外光干渉による磁気ヘッドスライダ浮上量の精密測定法，日本機械学会論文集，**60**，571，C編，pp.949〜955 (1994)
4) Tanaka, K., Takeuti, Y., *et. al.*：Measurements of Transient Motion of Magnetic Disk Slider, IEEE Trans. on Magnetics, MAG-20, 5, pp.924〜926 (1984)
5) 竹内芳徳，田中勝之，尾高聡子，村主文隆：磁気ヘッドスライダ浮上量の工学的測定原理誤差を排除した測定値に基づくスライダ浮上解析法の精度検証，日本機械学会論文集，**60**，576，C編，pp.57〜63 (1995)
6) Tanaka, K., Takeuti, Y., *et.al.*：Preliminary Study on Some Shape and Characteristics of Air Bearing Slider with Uniform Flying Hight for Magnetic Disc Drive with Swing-type Actuator, ASME Advances in Information Storage Systems, **9**, pp.93〜108 (1998)
7) 白倉高明，秋山保雄：浮動型磁気ヘッド，公開特許公報，特開昭57-20963 (1980年出願)

8) 竹内芳徳，田中勝之，尾高聡子，斉藤翼生，大東　宏：浮動型磁気ヘッドスライダ，日本国特許，No.1471255（1981年出願）
9) 竹内芳徳，田中勝之，尾高聡子，斉藤翼生，亀山忠彦：浮動型磁気ヘッドスライダ，日本国特許，No.1471256（1981年出願）
10) Tanaka, K., Takeuti, Y., Odaka,T., *et. al.*：Analytical Stability Criteria for Gas-Lubricated Sliders for Magnetic Drive, STLE, Tribology Trans. **32**, 4, pp.447〜452（1989）
11) Tanaka, K., Takeuti, Y., Odaka,T., *et. al.*：Some Unique Phenomena Negative Pressure Type with Reverse Step Bearings, STLE, SP-22, pp.21〜25（1987）
12) Takeuti, Y. and Tanaka, K.：Basic Design Guide Proposal on Nanometer Flying-Height Slider for Small Magnetic Disk Drives, Journal of Robotics and Mechatronics, **17**, 5, pp.509〜516（2005）
13) Takeuti, Y. and Tanaka, K.：Development of Nanometer Flying-Height Slider for Small Magnetic Disk Drives, Journal of Robotics and Mechatronics, **17**, 5, pp.517〜522（2005）
14) 木村圭一，竹内芳徳，山口雄三，徳山幹夫：磁気ヘッドスライダ及び磁気ディスク装置，日本国特許，No.02872384（1990年出願）
15) Dorius, L.K.：Negative Pressure Step Pad Air Bearing Design and Method for Making the Same, United States Patent, No.5777825（1996年出願）
16) White, J. W.：Uniform Flying Height Slider, United States Patent, No. 4673996（1987年出願）
17) 田中勝之：磁気テープ浮上の研究（第1報，テープ剛性考慮・無限幅ヘッドの解析），日本機械学会論文集，**48**，434，C編，pp.1615〜1623（1982）
18) Tanaka, K., Oura, M. and Fujii, M.：Tape Spacing Characteristics of Cylindrical Head with Taperd Flat Surfaces for Use in Magnetic Tape Unit, STLE, SP-21, pp.130〜138（1986）
19) 蜂谷昌彦，粟田義久，吉川精一，田中勝之，松本孝三：核融合用液化冷凍装置の開発，日立評論，**62**，5，pp.73〜76（1980）
20) 株式会社日立製作所：ヘリウム液化装置製品カタログ（1990）
21) 田中勝之，泉　英樹：Tilting Pad動圧式気体軸受で支えられた回転体と軸受パッドの振動，日本機械学会講演論文集 No.720-16，pp.233〜235（1972）
22) 竹内芳徳，田中勝之，妻木伸夫，佐保典英：ティルティングパッド形軸受，日本国特許，No.1339513（1978年出願）

第5章

1) 日本トライボロジー学会編：トライボロジー辞典，養賢堂（1995）
2) 木村好次，岡部平八郎：トライボロジー概論，p.13，養賢堂（1982）

3) 日本工業規格:製品の幾何特性仕様―JIS BO 601:2001,日本規格協会
4) 金子礼三:ゼロ摩耗への挑戦―マイクロトライボロジーの世界―,オーム社 (1995)
5) 2)の p.14

第6章
1) 日本トライボロジー学会編:トライボロジー辞典,養賢堂 (1995)
2) D.ダウソン,「トライボロジーの歴史」編集委員会訳:トライボロジーの歴史,p.183,工業調査会 (1997)
3) Gleenwood, J. A. and Williamson, J. B. P.: Contact of nominally flat surfaces, Proc. Royal Society of London, A295, pp. 300～319 (1966)
4) Majumdar, A. and Bhushan, B.: Flactal model of elastic-plastic contact between rough surfaces, ASME J. of Tribology, **113**, 1, pp. 1～11 (1991)
5) 杉村丈一:表面粗さのモデル化と解析法の現状,トライボロジスト,**39**, 3, pp. 208～213 (1994)
6) 岡本紀明,江澤良孝,広瀬伸一,三宅芳彦:磁気ディスクのトライボシミュレータをめざす二,三の計算力学的試み,トライボロジスト,**36**, 9, pp. 678～683 (1990)

第7章
1) 日本トライボロジー学会編:トライボロジー辞典,養賢堂 (1995)
2) D.ダウソン,「トライボロジーの歴史」編集委員会訳:トライボロジーの歴史,pp. 65～67,工業調査会 (1997)
3) 同上,p. 99
4) Kobatake, S., Kawakubo, Y. and Suzuki, K.: Laplace pressure measurement on laser textured thin-film disk, Tribology International, **36**, 4～6, pp. 329～333 (2003)
5) 大塚二郎:ナノテクノロジーと超精密位置決め技術,p.26,工業調査会 (2006)
6) 同上,p. 38
7) Hirano, T., Furuhata, T. and Fujita, H.: Dry-Released Nickel Micromotors with Low Friction Bearing Structure, IEICE Trans. on Electronics, E 78-C, 2, pp. 132～138 (1995)

第8章
1) 木村好次:技術衛星きくⅣ号に発生した不具合について,トライボロジスト,**40**, 11, pp. 889～892 (1995)
2) 日本トライボロジー学会編:トライボロジー辞典,養賢堂 (1995)

3) 川久保洋一, 服部厚史, 吉川浩道, 鈴木誠司：研磨フィルム連続送り高温摩耗試験法の研究(1), トライボロジー会議（仙台）予稿集, pp 59〜60（2002）
4) Kawakubo, Y., Ishii, M., Higashijima, T. and Nagaike, S.: Running-in effects during wear tests on thin-film magnetic disks, トライボロジスト, **42**, 10, pp 807〜812（1997）
5) Rabinowicz, E.: Friction and wear of materials, p. 170, J. Wiley & Sons（1965）
6) バウデン, テイバー共著 曽田範宗訳：固体の摩擦と潤滑, p. 35, 丸善（1961）

第9章
1) 日本トライボロジー学会編：摩擦への挑戦―新幹線からハードディスクまで―, pp. 142〜162, コロナ社（2005）
2) Kawakubo, Y. and Seo, Y.: Sliding failure mechanism of coated magnetic recording disks, ASME Advances in Information Storage Systems, **2**, pp. 73〜83（1991）
3) 川久保洋一, 佐々木直哉, 石井美恵子：透明しゅう動子による薄膜及び塗布型磁気ディスクの破壊過程解析, ―薄膜の破壊における基板硬さと摩耗粉の影響―, トライボロジスト, **43**, 9, pp. 796〜803（1998）

索　引

【あ】

アーチャードの摩耗法則　　195
圧縮性　　53, 84
圧力項　　82
アブレシブ摩耗　　188
アモントン-クーロンの
　摩擦法則　　167
粗さ曲線　　144
あわ消し剤　　37
安定限界　　118
安定判別　　118

【い】

位置決め分解能　　180

【え】

影響係数　　125
エネルギー損失　　17
円筒ヘッド　　127

【お】

オイルシール　　18
オイルホイップ　　57
重みつき残差法　　102

【か】

カーボンナノチューブ　　48
拡張摩擦法則　　173
核融合装置　　131
加工　　13
加工変質層　　140
加速度緩和法　　102
カットオフ波長　　144

【き】

紙分離機構　　213
環境問題　　9
慣性項　　82
乾燥摩擦　　25, 27

【き】

危険速度　　52
気体軸受　　84
気体潤滑軸受　　84
気体の粒子性　　86
起動摩擦　　164
希薄気体潤滑方程式　　86
級数展開法　　84
吸着　　31
吸着分子膜　　33
球面軸受　　54
給油装置　　18
ギュンベル　　77
ギュンベルの条件　　77
境界潤滑　　25, 33
境界膜　　33
境界摩擦　　27
凝着効果　　168
凝着接合　　33
凝着摩耗　　189
共有結合　　46
極圧剤　　36
許容振幅　　52

【く】

空気液化機　　132
クーロンの法則　　6
クエット流れ　　64
くさび効果　　55
くさび作用　　58, 65

くさび膜作用　　65
クヌーセン数　　86
グラファイト　　45
グリース　　39, 44

【け】

計算手法　　97
傾斜平面軸受　　65
原子間力顕微鏡　　140
減衰作用　　52, 67
減衰定数　　52

【こ】

高温　　39
高浮上モード　　120
小型マルチパッドスライダ
　　　　121
極低温　　39
固体潤滑剤　　39, 45
固体接触　　25
ころ　　4
転がり軸受　　5, 6
転がり摩擦　　164
混合潤滑　　25
コンタクトレコーディング
　　　　21

【さ】

最大断面高さ　　145
最大山高さ　　145
サイドステップスライダ
　　　　115, 121
サイドテーパスライダ　　115
サブミクロン　　22
差分法　　101

酸化物層	142
酸化防止剤	37
算術平均粗さ	145

【し】

磁気ディスク装置	20, 206
磁気テープ装置	122
軸受	54
——の役割	50
軸受剛性	52
軸受すきま	26
軸受定数	23
自己潤滑性	40
ジスマン線図	154
実験手法	97
質量保存則	64
シビア摩耗	204
絞り膜作用	66
ジャーナル	54
ジャーナル軸受	5
しゅう動	15, 17
寿命摩耗	194
潤滑	1
潤滑剤	4
潤滑作用	17
潤滑方程式	60
潤滑膜	15
象限誤差	181
初期摩耗	194
自励振動	117
真円軸受	57, 65, 75
真円ジャーナル軸受	75
シングルグレード油	43
真実接触	156
真実接触面	32
真実摩擦係数	173

【す】

数値解法	84, 100
すきま比	70
スクイーズ膜作用	66
スクイーズ膜軸受	55
スターリングエンジン	19
スティクション	210
スティックスリップ	178
ステップ軸受	65, 73
ストークス	42
ストライベック	5
ストライベック線図	23
スパイク	92
スパッタカーボン膜	209
滑り軸受	5, 7, 55
滑り流れ	86
滑り摩擦	164
スライダ	20
スラスト	54

【せ】

静圧軸受	55
正圧スライダ	119
清浄分散剤	37
静電容量法	104
静摩擦	164
設計法	96
接触	15, 29, 155
接触角	153
絶対粘度	42
切断	29
セラミックス	205
ゼロ浮上誤差	107
せん断	15
センチストークス	42
センチポアズ	42

【そ】

走査型トンネル顕微鏡	6
増ちょう剤	44
損傷	17
ゾンマーフェルトの条件	77
ゾンマーフェルト変換	76

【た】

ターボ式膨張機	131
ダイバージェンスフォーミュレーション法	101
ダイヤモンドライクカーボン(DLC)膜	209
対ヨー角スライダ	116
体力項	82
多円弧軸受	57
弾性流体潤滑	29
弾性流体潤滑軸受	56
弾性履歴損失効果	170
断面曲線	144

【ち】

窒化ホウ素	46
超電導マグネット	131
直動型	114
直動型アクチュエータ	114

【て】

定常摩耗	194
低浮上モード	120
低浮上モード優位負圧スライダ	121
ティルティングパッド軸受	57
テープ浮上量	130
テクスチャリング	210
添加剤	35
電子顕微鏡	6, 100
電食	191

【と】

動圧軸受	55
等価ばね	52
動的境界潤滑膜理論	34
動摩擦	164
共金	204
トライボシステム	14
トライボロジー	1
トライボロジー材料	204
トンネル顕微鏡	100

【な】

なじみ効果	196
ナノメータ	22

索引

【な】
ナビエ・ストークス 67

【に】
1/2分数調波振動 135
ニュートン・ラプソン法 102
ニュートン力学 9
ニュートン流体 41
ニューマチックハンマー 60
二硫化タングステン 46
二硫化モリブデン 46

【ね】
熱可塑性プラスチック 205
熱硬化性プラスチック 205
粘性 17
粘性係数 41, 42
粘性項 82
粘度 40, 42

【は】
ばね作用 67
ばね定数 52
ハマーカー定数 177
バランス取り 52

【ひ】
非円筒ヘッド形状 129
光干渉式浮上測定機 107
光干渉法 105
ピストンリング 20
ビッカース硬さ 149
非ニュートン流体 41
ピボット軸受 54
ピボット点の位置 71
表面 138
表面粗さ測定法 147
表面エネルギー 151
表面観察装置 9
表面間力 174
表面張力 151
疲労摩耗 189

ピンオンディスク試験装置 192
ビンガム流体 41

【ふ】
負圧スライダ 119
負圧ポケット 120
ファンデルワールス結合 46
ファンデルワールスの力 32
ファンデルワールス力 177
フォイル軸受 92
4パッドスライダ 115
不活性気体 39
負荷容量 70
複合材料の摩擦係数 206
浮上パターン 128
腐食 53
腐食防止剤 37
付着滑り 178
フッ化黒鉛 47
浮動ブッシュ軸受 57
不飽和油 40
プレストンの法則 196
プロセスガス 39
分子運動法 101
分子間引力顕微鏡 100
分子気体潤滑方程式 88
分子平均自由行程 86

【へ】
ヘリウム液化機 131
ヘリングボーン溝軸受 57
ヘルツ圧力 92
ヘルツ変形 157

【ほ】
ポアズ 42
放射能雰囲気 39
飽和油 39
ポテンシャル流れ 64
掘り起こし効果 168

【ま】
マイクロトライボロジー 6
マイクロマシン 183
マイルド摩耗 204
摩擦 1, 163
——の経験則 11
摩擦温度上昇 199
摩擦角 165
摩擦係数 31, 73, 165
摩耗 1, 188
摩耗試験法 192
マルチグレード油 43

【み】
見掛けの接触 156

【め】
メカトロニクス 3
メカノケミカル摩耗 191
メニスカス力 31, 174
メラミンシアヌレート 48
面粗さ 28

【も】
毛細管現象 175
モース硬度 148
モノクロメータ 105
モンテカルロ法 101

【や】
焼付き 26, 200
ヤングの式 153

【ゆ】
有限幅軸受 81
有限要素法 101
融着 29
油性 35
油性剤 35
油膜破断 36

【よ】

揺動型	114
揺動型アクチュエータ	114

【ら】

ラプラス圧力	175

【り】

リーフ軸受	92

流体潤滑	5, 25
流体潤滑剤	39
流体潤滑理論	31
流体摩擦	27
リンギング	32, 174

【れ】

レイノルズの境界条件	77
レイノルズの条件	77
レイノルズ方程式	60

レーザドップラー法	104
レーリーステップ軸受	73
レオナルド・ダビンチ	6
レシプロエンジン	19
連続の式	64

【ろ】

ロータリエンジン	19

【A】

AFM	140

【C】

C 60	48
CNT	48

【G】

Greenwood-Williamson (GW)モデル	160

【P】

PTFE	47

【S】

SiO_2 微粒子	48
STM	6

【V】

Vickers hardness	149

VOC (volatile organic component)	143

【Z】

Zisman plot	154

── 著者略歴 ──

田中　勝之（たなか　かつゆき）
1967年　名古屋大学工学部機械工学科卒業
1969年　名古屋大学大学院工学研究科修士課程修了（機械工学専攻）
　　　　株式会社日立製作所機械研究所勤務
1985年　工学博士（京都大学）
1995年　滋賀県立大学教授
　　　　現在に至る
1993年　日本トライボロジー学会論文賞受賞
2001年　日本機械学会論文賞受賞

川久保洋一（かわくぼ　よういち）
1967年　東京大学工学部精密機械工学科卒業
1969年　東京大学大学院工学系研究科修士課程修了（精密機械工学専攻）
　　　　株式会社日立製作所中央研究所勤務
1993年　博士（工学）（東京大学）
1993年　株式会社日立製作所機械研究所勤務
1999年　信州大学教授
　　　　現在に至る

メカトロニクスのためのトライボロジー入門
Introduction to Tribology for Mechatronics

© Katsuyuki Tanaka, Youichi Kawakubo 2008

2008年2月22日　初版第1刷発行

検印省略	著　者	田　中　勝　之
		川　久　保　洋　一
	発行者	株式会社　コロナ社
	代表者	牛来辰巳
	印刷所	壮光舎印刷株式会社

112-0011　東京都文京区千石 4-46-10

発行所　株式会社　コロナ社
CORONA PUBLISHING CO., LTD.
Tokyo Japan
振替 00140-8-14844・電話 (03) 3941-3131 (代)
ホームページ http://www.coronasha.co.jp

ISBN 978-4-339-04404-1　（水谷）　（製本：染野製本所）
Printed in Japan

無断複写・転載を禁ずる
落丁・乱丁本はお取替えいたします

メカトロニクス教科書シリーズ

(各巻A5判)

■編集委員長　安田仁彦
■編集委員　　末松良一・妹尾允史・高木章二
　　　　　　　藤本英雄・武藤高義

	配本順			頁	定価
1.	(4回)	メカトロニクスのための**電子回路基礎**	西堀賢司著	264	3360円
2.	(3回)	メカトロニクスのための**制御工学**	高木章二著	252	3150円
3.	(13回)	**アクチュエータの駆動と制御（増補）**	武藤高義著	200	2520円
4.	(2回)	**センシング工学**	新美智秀著	180	2310円
5.	(7回)	**CADとCAE**	安田仁彦著	202	2835円
6.	(5回)	**コンピュータ統合生産システム**	藤本英雄著	228	2940円
7.		**材料デバイス工学**	妹尾允史・伊藤智徳共著		
8.	(6回)	**ロボット工学**	遠山茂樹著	168	2520円
9.	(11回)	**画像処理工学**	末松良一・山田宏尚共著	238	3150円
10.	(9回)	**超精密加工学**	丸井悦男著	230	3150円
11.	(8回)	**計測と信号処理**	鳥居孝夫著	186	2415円
12.		**人工知能工学**	古橋武・鈴木達也共著		
13.	(14回)	**光工学**	羽根一博著	218	3045円
14.	(10回)	**動的システム論**	鈴木正之他著	208	2835円
15.	(15回)	メカトロニクスのための**トライボロジー入門**	田中勝之・川久保洋共著	240	3150円
16.	(12回)	メカトロニクスのための**電磁気学入門**	高橋裕著	232	2940円

定価は本体価格+税5%です。
定価は変更されることがありますのでご了承下さい。

図書目録進呈◆